2023 年度黑龙江省社会科学学术著作出版资助项目（2023010-B）

中央高校基本科研业务费专项资金资助（HIT.HSS.202207）

# 城市图层系统与城市设计

陈璐露　徐苏宁　著

中国建筑工业出版社

**图书在版编目（CIP）数据**

城市图层系统与城市设计 / 陈璐露，徐苏宁著 . —
北京：中国建筑工业出版社，2023.12
ISBN 978-7-112-29244-8

Ⅰ . ①城⋯　Ⅱ . ①陈⋯　②徐⋯　Ⅲ . ①城市规划—建
筑设计　Ⅳ . ①TU984

中国国家版本馆 CIP 数据核字（2023）第 184587 号

责任编辑：徐昌强　李　东　陈夕涛
责任校对：张　颖
校对整理：董　楠

**城市图层系统与城市设计**
陈璐露　徐苏宁　著
\*
中国建筑工业出版社出版、发行（北京海淀三里河路9号）
各地新华书店、建筑书店经销
华之逸品书装设计制版
北京中科印刷有限公司印刷
\*
开本：787毫米×960毫米　1/16　印张：16　字数：225千字
2023年12月第一版　　2023年12月第一次印刷
定价：**72.00**元
ISBN 978-7-112-29244-8
（41948）

**版权所有　翻印必究**
如有内容及印装质量问题，请联系本社读者服务中心退换
电话：(010)58337283　QQ：2885381756
（地址：北京海淀三里河路9号中国建筑工业出版社604室　邮政编码：100037）

# 前言

　　城市发展及环境变迁中显现出的大量城市问题，许多都是因为各个城市要素之间的关系组织不好，影响到城市的物质空间形态。梳理和整合城市要素以及各个要素和图层之间的关系，可以清晰地看出各个要素和图层对城市物质空间的影响。在城市规划和城市设计领域，对于城市空间环境，都需要从要素到系统、从局部到整体，多维度地观察和分析其特征，解读和解释其发展规律。特别是在当前中国城市发展进入新的历史时期，城市设计作为一个重要的实践领域正被期望发挥更加关键作用的时候，亟需一套理性、全面的分析方法对复杂的城市空间环境进行系统、深入的研究，作为开展高质量城市实践的支撑，而图层分析的方法和技术无疑是其中最重要的内容。城市设计作为一门图示语言，应该将图形信息与数据信息相结合进行研究，引入图层思维，构建城市设计中的城市图层系统体系。

　　自2021年7月1日起实施的中华人民共和国自然资源部发布的《国土空间规划城市设计指南》(TD/T 1065—2021)厘清了城市设计与"五级三类"国土空间规划体系的关系，对城市设计如何应用于国土空间规划的总体规划、详细规划和专项规划，城市设计的工作方法、成果要求等方面提出了相应的指引，这标志着城市设计急需面向国土空间规划体系进行转型，我们应当寻找城市设计与国土空间规划体系的适配点，使得城市设计从编制到实施管理全过程地嵌入国土空间规划体系中。基于国土空间规划与城市设计共同的特征——图层思维，建立起城市设计中的城市图层系统，对相关要素进行全域、分层、全要素的研究与导控，全链条地融入城市设计的实施过程中，有效衔接现有城市设计与国土空间规划体系。

城市图层系统的提出就是为了面向上述政策需求，解决上述问题。城市图层可以被看作城市设计的一种动态信息载体。城市图层系统既要研究城市设计涉及的各种要素与图层，也要研究这些要素与图层之间的复杂关系，将城市设计的技术方法与手段应用于城市设计实践中。因此，城市图层系统在城市设计的理论研究和应用研究中都有着极其重要的作用。

许多影响城市设计发展的认知观中都存在着图层思维。从哲学认知观、科学认知观、学理认知观中提取与城市图层系统认知相关的内容，有助于我们全面构建城市设计中的城市图层系统认知体系，从理论认知、方法认知、应用认知三个方面指导城市图层系统的研究。

图层思想古已有之。但城市设计中的图层思想可以溯源至"图底关系"理论时期，随后分别于城市生态空间、物质空间和抽象空间理论中得到了发展。城市设计涉及的城市要素和图层从最初的城市选址建设时期就已经产生，此后不断地更新与转变。根据不同时期的城市设计逻辑——城市选址时期、建城营造时期、城市空间使用时期——可以从时间维度自下而上地分析城市图层的形成。同时，以城市设计相关理论与政策为切入点，可以自下而上地将相关的导控要素整合成相应的城市图层；进而从物质空间、生态空间和抽象空间三个层面，构成城市设计中的城市图层系统。

城市设计是一门可以被量化的学科。基于数字化信息与图示化信息的结合，可以通过不同类型、层级的图层对城市设计进行研究和控制。目前已有的图解技术、mapping技术、叠图技术、城市空间的量化分析和大数据分析等城市设计研究方法是与城市图层系统构建密切相关的。作者尝试对这些方法中与图层相关的研究进行梳理，将相关研究方法与城市图层系统构建的技术路径相结合，共同搭建城市设计中城市图层系统研究的技术框架。

城市图层系统的分层分类思维与国土空间城市设计相契合，可以依据《国土空间规划城市设计指南》，从五级三类国土空间规划的城市设计编制、用途管制和规划许可、工作方法与成果形式三个方面，将城市图层系统的研究与国土空间规划中城市设计的应用体系相结合。城市设计中城市图层系统的研究和建立，对于目前国土空间规划城市设计的完善与变革将做出其应有的贡献。

城市图层系统的构建还需基于长时段历史的理论思想基础与计算机技术方法的支持，是一项跨学科、多层级、复杂且漫长的研究工作。本书的研究仅仅是城市设计中城市图层系统研究的一个初探，在研究深度上存在着一定的不足。并且，城市图层系统虽然能够协助形成适应性规划战略方法和部分城市设计导则，但不一定能直接推导出规划实践的方案，而且缺乏数字化城市设计、城市空间模型方面的研究，希望未来更多学者能够完善城市设计中城市图层系统的研究。

# 目录

第一章　引　言　**001**

一、背景　002

二、相关研究综述　009

第二章　城市设计中的图层思想溯源与发展　**027**

一、城市设计中的图层思想起源　028

二、城市生态空间理论中的图层思想发展　037

三、城市物质空间理论中的图层思想　044

四、城市抽象空间理论中的图层思想　060

第三章　城市图层系统的认知与辨识　**071**

一、哲学认知下的城市图层辨识　072

二、科学认知下的城市图层辨识　083

三、学理认知下的城市图层辨识　100

四、城市图层系统的认知框架　118

第四章　城市图层系统概念与特征　**127**

一、图层及图层思想　128

二、城市图层的概念与特征　130

三、城市图层系统的概念与特征　　　　　　　　　136

**第五章　城市设计中城市图层系统的构成　　149**
　　一、城市图层及要素的生成逻辑　　　　　　150
　　二、城市图层系统的构成　　　　　　　　　164

**第六章　城市设计中城市图层系统的技术方法体系　　171**
　　一、城市设计中图层系统相关的技术方法　　　172
　　二、城市设计中城市空间的抽象化和要素化　　190
　　三、城市设计中城市图层内信息的梳理与表达　　200
　　四、城市设计中城市图层系统内的动态交互与叠加　　208
　　五、城市设计中城市图层系统的技术框架整合　　215

**结　论　　　　　　　　　　　　　　　　　219**

**参考文献　　　　　　　　　　　　　　　　221**

第一章

引言

# 一、背景

## （一）城市设计是一种图示化与数据化相结合的语言

城市设计是一门运用各种类型的分析图、示意图、效果图、施工建设图纸和其他相应的图解等图示方式来表达城市空间的现状、分析过程、设计意图和规划成果的学科。

早期的古典城市设计多为标准化的空间设计，导致当时的城市设计均采用统一的形式语言，从而忽略了肌理和文脉等城市独有的特征。随着时间的演进，城市规划与设计越发的国际化，导致在第二次世界大战前后的一段时间内，全球诸多大城市都采用较为统一的国际式风格，丧失了城市与建筑独有的文化特色。随着战后重建以及对城市生态环境、文化内涵的复兴运动的发起，规划师开始重新认知城市空间环境，运用不同的技术方法来揭示、解释与阐述城市空间环境的形成过程和一些隐性的特征、作用机制等。规划师在城市规划与设计中，对于总平面设计与表达的重视逐渐降低，同时单一逻辑的城市设计已经无法满足城市空间的需求，城市设计变成了多维度的表达与多种逻辑复合作用的成果。

随着计算机技术和互联网的发展，规划师开始用数据信息来揭示城市空间中存在的问题、表达城市空间特征等。以城市空间的数据信息为依据进行相关的分析与研究，成为目前城市研究的主流发展方向，数据信息成了城市设计表达与研究的新型语言。相较于传统的图示化城市设计语言，数据信息语言更加的科学化、客观化。然而，城市设计归根结底是需要落实在城市的三维立体空间之中的，数据信息的分析与研究成果需要呈现于城市设计的各类空间图示之中，才能更加直观有效地指导城市设计方案与规划政策。

传统的平面化的二维图示语言，已经无法满足城市设计的多元性和复杂性，用于揭示立体城市空间作用机制的三维图示化语言应运而生。然而，三维的图示化语言同样无法满足设计师对城市空间所进行的更多角度的思考与描述，城市规划与设计已经成为一种由多维度、多层级的要素共同作用的成果，其图示化语言也应该具有多维度、多层级的表达功能。因此，mapping技术方法与建筑信息模型等表达方式开始被应用于城市规划与设计之中。

当代城市设计需要创建一种超越传统平面化图示表达与数据信息表达的多维度、多层级、多要素的城市设计表达方式，以满足城市设计中复杂性的表述需求，同时呈现城市设计各个影响要素的综合作用结果[1]。所以当代城市设计需要将多维度、多层级的图示化语言与数据信息化的综合分析相结合，建立一个城市设计中的城市图层系统，可以整合所有的城市元素和图层、数据和图形以及各类城市地图，使得数据信息与图示语言可以更加系统地运用在城市设计中，帮助我们逐层地探索、发现、分析、阐述并揭示城市空间中各种复杂的问题和潜在的作用力量。

## （二）当代城市设计研究需要整合性的理论支撑

传统城市设计理论侧重于对城市空间形态的研究，而当代城市设计不仅对城市外在显性的物质空间进行研究，还融入了对城市内在隐性的生态环境、文化内涵和人文需求等方面的思考，使得城市设计更加全面、整体。城市的内在隐性属性直接或间接影响了外在的城市空间形态，所以城市设计应全面考虑影响城市发展的每一个层面的要素，对其进行分析、研究和整合。

城市中的每个组成要素都会影响整个城市的发展进程，所以缺乏整合性的城市设计研究基础，对城市现状问题、城市历史文脉、城市物质空间等城市设计要素的研究不够全面，会导致诸多城市问题。我国城市设计理论多为物质空间研究，对城市各个层面的整体性研究较少。城市设计中的各个要素具有动态性和复杂性特征，一旦缺乏全面的城市设计基础研究，则会导致城市设计的片面性[2]。针对城市的动态性和复杂性，城市设计应考虑到这些不同层面要素随着时间发展变化的模式及规律。

将城市设计中的各个影响要素进行整合性的分析与研究，可以为城市设计成果提供更加有效、有力的设计依据。然而，目前的城市设计理论研究中，更多的是注重对单一要素或视角进行探索与研究，比起单一视角下的城市设计理论成果，整合性的城市设计理论探索就显得匮乏。城市设计的价值在于整合，城市设计既能通过整合城市资源来提升城市公共领域的价值，也能通过综合考虑各类要素间的协同关系与作用来提升城市的空间质量，所以城市设计应建立在整合性的研究基础之上[3]。

城市设计应该建立城市图层系统的研究框架，提炼出城市设计涵盖的各个图层及要素，并且针对不同的城市设计项目有侧重性地选择不同的城市图层及要素进行研究。对相应的图层进行梳理、分析、整合，可以清晰地梳理影响城市设计的各个图层、要素及其内在联系，并全面地分析每个要素及图层的时间演变发展，以此为基础，形成具有唯一性、整体性的城市设计成果。

本书在现有的城市设计理论与实践的基础上，结合其他相关学科的最新研究方法及方向，提出新时期、新技术条件下城市设计研究中的新理论思想与认知视角，即城市图层系统理论，解析城市图层与城市图层系统的相关概念、特征与内容，强调城市整体关联性的理论思想，形成一个较为完善的城市图层系统理论。以城市图层系统这种整合性理论为指导，城市设计的实践可以更加系统、严谨。

## （三）城市各要素间的关系组织问题导致城市矛盾

城市发展和环境变迁导致生态系统破坏以及水系枯竭，城市生态环境恶化导致微气候问题，城市用地规划比例不协调导致人口密度不均质、钟摆交通等问题。除此之外，更多的城市问题及矛盾显现出来，比如近年来，城市建设以及居民活动对城市的气候环境造成了一定的影响，洪水、风暴、暴雨、热浪和干旱等极端气候事件频发，对于城市气候与城市空间规划设计之间的关系的研究成为城市设计重要的研究方向之一。例如，规划师将城市雾霾污染地图作为城市设计中应分析的基础图层之一，解决城市气候环境问题也成为城市设计项目应该考虑的内容。雾霾的形成、发展及消散与城市通风廊道、城市产业布局、城市外部空间体系之间有无联系成为城市研究学者的研究课题。城市碳源、碳汇是目前城市研究的方向之一，可以首先对城市空间的碳源和碳汇分布进行空间分布研究，形成相应的地图等，随后以碳源、碳汇地图为基础支撑进行城市设计项目研究，从而提出相应策略。

许多城市设计实践的问题是因为城市规划设计方案与政策打破了城市各个子系统与要素之间的有机平衡，这种系统上的失衡破坏了城市的自适应能力，引发了相应的城市问题。成功的城市设计方案是需要各个子系统与要素之间交互协同的。

城市设计不单单是一个"结果"，更是一个"过程"[4]。城市设计不应只是二维的平面图纸，抑或三维的立体效果图，更应该结合时间维度，全面考虑城市各个组成部分的发展变化规律。

城市设计根本上是对影响城市空间的要素进行空间分布及资源规划，从而引导城市的物质空间形态。许多城市问题都是因为各个城市要素之间的关系组织不好，直接影响了城市的物质空间形态。城市作为一个有机系统，包含了诸多的城市图层和要素，梳理和整合城市要素及各个要素、图层之间的关系，可以清晰地看出其对于城市物质空间的影响。传统的城市设计方法理论以及思维方式对城市设计中的要素和图层间的逻辑关系及作用机制重视不足，我们需要一个理论思想或者技术工具来帮助我们重新认识城市空间，梳理和整合城市要素及各个要素之间的关系。建立城市图层系统框架，分析影响城市设计的要素的具体内容，以及各要素之间的显性和隐性关系，并研究城市要素及图层单一或综合叠加对城市的物质空间的影响有哪些。以此，从城市设计的要素及其关系入手，来重现城市中被忽视的各种要素、图层和空间，并为解决城市实质问题提供新的路径与方法。

本书试图通过对现有影响城市设计的各种要素的筛选、提取，从相应的城市设计理论以及实践项目中筛选并重构城市设计的要素与相关图层，通过整合建立城市图层系统框架，为后续的研究提供基础。城市图层系统的提出，使城市设计研究更具理性和综合性，使城市设计的实践更加具有科学性和逻辑性。

### （四）城市设计已经出现图层思想与技术方法

城市设计是通过不同类型、不同层次的图来进行表达和控制的。从图底关系理论时期，城市设计就已经有了图层思想的萌芽。随着城市的发展，图层思想不断地融入各种城市设计理论中。规划师一直试图采用分层和图示的方式来对城市空间环境进行认知。图层思想在城市设计的研究与应用中已经有较为坚实的基础，然而至今未形成完善的理论体系。任何研究都应该在有一定的思想与方法萌芽之后，对其进行理论建设，只有提出完善的理论才能更好地推动技术方法的发展，指导实践应用。

现代城市设计出现以来，各界学者不断引入相关学科的技术及思想，力求探讨出适合城市设计的研究方法。随着计算机技术的发展，各界学者从不同学科视角进行了相应的城市地图研究，例如，城市气候学专家进行的城市气候地图研究，城市规划学者进行的城市街区和街道图研究，社会学专家进行的市民意识形态地图研究，声学专家进行的城市噪声地图研究，史学专家进行的城市风水地图研究等，主要应用数据分析法与各学科相关研究方法相结合，基于城市自然地形地貌地图、城市土地利用图，以及相关的城市要素落于三维空间所形成的图纸进行专题地图研究。

近年来，由于多学科的融合、计算机信息技术和大数据的发展，各种类型的城市设计方法层出不穷，使得城市设计研究方法更加的科学化、客观化。

20世纪末，城市设计中出现了大量的科学研究方法，例如图解技术、mapping技术、叠图技术、量化分析以及大数据分析等方法，其本质都是应用了分层思维，为图层思想在城市设计中的应用提供了一定的技术基础。然而，这些城市设计中出现的分层技术方法只是城市设计的辅助手段，为解决与处理城市设计中存在的问题提供了相应的技术方法与路径；同时，这些城市设计研究方法大多数是从单一视角进行研究的，或者是为城市设计提供某一层面的分析与研究，无法作用于城市设计研究的全过程。这些技术方法并不能直接作为城市设计方案与目标，只能提供一个研究思路与数据依据，无法代替城市设计本身。步入大数据时代后，这些科学分析方法与大数据信息使得城市设计更加高效，这些技术方法和分析成果需要通过一个完善的城市设计方法体系和应用体系，落实于项目实践之中，使得这些技术方法的应用更加有利。在城市设计研究的每一阶段采用某一种或多种方法进行研究，从整体上覆盖城市设计的全过程，是目前城市设计研究中应该解决的问题之一。

城市设计应该将图示化及数字化信息整合后，呈现在不同类型、层级的城市图层上，进而通过图层的隔离、叠加、交互形成城市图层系统，用以研究和控制城市设计。"叠加"和"隔离"这样的思维可以将诸多问题合并到一个系统中[5]。城市设计作为一门整合型学科，是用于解决城市问题的途径之一。城市设计中的城市图层系统的运作需要多种研究方法的协同，上述各种方法对城市设计中城市图层系统的研究起到了一定的技术支持，对构建城市图层系统的技术框架起到了重要作用。通过整合与城市图层系统相关的城市设计研究方法，并与城市图层系统的技术路径相结合，可以构建一个完善的城市图层系统研究方法体系。

本书试图整合目前城市设计中已有的与图层相关的科学图示化研究方法与信息化处理方法。其中，图示化研究方法有mapping技术、叠图技术、图解技术等，信息化处理方法有大数据分析和量化分析等。将这些科学研究方法整合成一个完善的城市图层系统方法体系，同时构建城市设计中城市图层系统的技术路径，将上述研究方法应用于城市图层系统技术路径的各个步骤之中，覆盖城市图层系统研究的全过程，阐述城市图层系统研究中每个过程的作用机制、逻辑思维、应用方法以及操作步骤，明确每一过程是如何在城市图层系统以及城市设计中起作用的。

本书将多个原本较为片面的单一研究方法整合成一个系统的研究方法体系，即城市图层系统研究的技术方法体系，使其更好地服务于城市设计研究与项目实践，以弥补当前城市设计中综合性研究方法及整合性理论的不足，指导城市设计实践，使其更加周全、完善。

### (五) 图层思想对国土空间规划城市设计的重要支撑

2019年5月23日，《中共中央 国务院关于建立国土空间规划体系并监督实施的若干意见》指出，"建立国土空间规划体系并监督实施，将主体功能区规划、土地利用规划、城乡规划等空间规划融合为统一的国土空间规划，实现'多规合一'"[6]。"国土"是指规划范围，覆盖国家全域的领土；"空间"是指承载"生态、生产和生活"的土地及其上下的空间各个层级，现在已经明确有五个层级的国土空间规划[7]。可以看出国土空间规划中的"多规合一""五级三类"等概念的思维本质就是分层与整合，而最终形成的"一张图"就是图层思想的一种体现。

2021年7月发布的《国土空间规划城市设计指南》对城市设计提出了分层次全域空间管控和全要素设计研究的总体要求，提出通过人居环境多层级空间特征的系统辨识、多尺度要素内容的统筹协调和自然文化保护与发展的整体认知，达成美好人居环境和宜人空间场所的积极塑造。

因此，建立城市设计中的城市图层系统，对要素进行全域、分层、全要素的研究与导控，完美契合当代中国国土空间规划城市设计研究与实践的需求。城市图层系统可以运用设计思维，融合形态组织和环境营造方法，依托规划传导和政策推动将城市设计思维融入国土空间规划体系中。

本书以《国土空间规划城市设计指南》为指引，通过城市设计的实践

城市图层系统与城市设计

008

项目来分析与验证城市图层系统在城市设计中的具体应用，使得城市设计的实践应用体系与国土空间规划城市设计中的城市图层系统相契合。由于我国城市设计项目实践的类型较为多样化，所以城市图层系统需要符合我国城市设计的需求，针对不同的城市设计项目，可以从城市图层系统中有针对性地选择相应的图层、子图层和要素进行研究，用城市图层研究作为设计基础，来支撑城市设计的研究和成果。通过对每个子图层的分析、研究和叠加，形成相应图层的城市用地分区图和城市设计引导建议，用于指导相应的规划项目。

## 二 相关研究综述

### （一）国外相关研究综述

#### 1.城市设计的分层研究

工业革命后期出现的现代城市设计理论与思想，不同于传统的物质空间设计，大多融入了心理学、社会学、经济学、政治学等相关学科的研究，对城市空间进行综合性的思考。现代城市设计研究并非一个新的研究方向，而是一个应该被恢复的研究，由于战争以及各种事件对城市设计研究的割裂，所以我们需要采用"urban design"（城市设计）这一概念，以免被城市研究的学者忽略或丢弃[8]。由于现代城市规划与设计的基础就是协调各个城市空间要素与社会发展要素之间的关系，所以这一时期开始出现了整合性的城市设计理论研究。

1976年，爱德华·培根（Edward Bacon）在《城市设计》（*Design of Cities*）中强调城市设计应遵循整体性的原则，认为一个好的城市设计的基础是尊重并且协调各个城市要素之间的逻辑关系与秩序。同时，他将城市设计看作一个过程，认为当代城市空间是由不同时期、不同价值观形成的不同层级的城市空间所构成的。他提出将城市各部分的功能整合成一个"同时运动诸系统"体系，只有以此为基础才能构建完善的城市结构。这一理论被称作"同时运动诸系统理论"[9]。

20世纪70年代，由于第二次世界大战后大量的城市建设以及科学技术的迅猛发展，城市规划开始了多元思想的融合，是后现代城市规划思想兴起的基础。这一时期的城市设计研究开始注重城市空间的多要素复合性和人文性，因此出现了许多分层的思想与研究。克里斯托弗·亚历山大（Christopher Alexander）认为"城市是一个交叠的、模糊的、多元交织的统一体"[10]。

传统的城市形态学研究是以城市设计分层研究思想为基础的。城市形态学的创始者——英国的康泽恩学派（Conzen）通过提取、筛选、抽象、解构城市空间，将其重新划分为建筑物及其组合、街道与网络、街区与用地单元等不同层级的城市要素，从而进行平面化的分析，以建立城市形态的演进模型与体系[11]。

1986年，罗杰·特兰西克（Roger Trancik）将当时已有的城市设计理论进行整理，梳理出城市设计3大理论。一是探讨城市平面空间结构的图底关系理论，二是研究城市要素空间关系的连接理论，三是思考城市历史文脉空间的场所理论[12]。这三种理论之间存在着层递和升维的关系，用以处理不同维度的城市设计问题和方案（图1-1）。特兰西克的城市设计理论思考为图层研究提供了多维度思维的引导。

奥斯瓦尔德·昂格尔斯（Oswald Ungers）于1991至1997年在其参与的8个城市设计案例实践之中，对城市设计的方法论进行了新的思考，提出了"分层城市"思想，运用分层的方式来处理城市问题的复杂性和不确定性，并且针对具体的问题进行具体的分析[13]。

1998年，荷兰景观设计师德·胡格（De Hoog）、西蒙斯（Sijmons）和维斯丘伦（Verschuuren）创建了"图层分析模型"（Dutch layers approach，又称"荷兰层次法"），应用于荷兰的空间规划之中，该模型基于底层、网络和上层模式的不同空间动态（即3层）区分空间规划任务。此方法解决了荷兰城市规划中地方政府与国家政府的责任分配问题和城市空间各要素

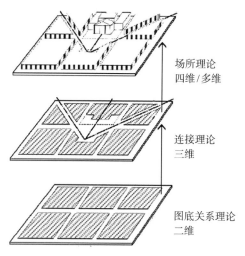

场所理论
四维/多维

连接理论
三维

图底关系理论
二维

图1-1　罗杰·特兰西克的三种理论间的升维逻辑[12]

之间的平衡问题[14]。该方法的图层主要被荷兰的政府部门用于辅助战略提案和规划政策制定。图层分析模型主要是通过时间尺度，对城市要素和图层进行分层研究与分析，用以阐述城市要素的演变过程与原因。

范·夏克（Van Schaick）、杰伦·克拉森（Jeroen Klaasen）于2011年总结了图层分析模型在荷兰城市规划理论与实践中的发展与弊端，认为不是每个城市要素或者图层都随着时间的变化而在空间层次上也产生相应的变化，许多要素的时间尺度与空间层次无明显的关联，并且不同的图层与要素无法用统一的时间尺度来进行分层（图1-2）[15]。这也是图层分析模型未能广泛应用于全球城市规划与设计之中的原因，然而，荷兰的规划目前仍然采用这种分析方法与模型。

2011年，科林·哈里森（Colin Harrison）和伊恩·阿伯特·唐纳利（Ian Abbott Donnelly）在《智慧城市理论》一文中构建了智慧城市的城市信息系统模型，在方法论上提出了"信息产生—收集—传递—应用—反馈"的技术路径，在理论上将城市分为自然环境、基础架构、资源、服务、社会5个图层，其中每个图层都包含不同但相关的二维空间信息（图1-3），通过智慧城市的思维方式来创造完善的城市空间系统，指导城市空间规划与

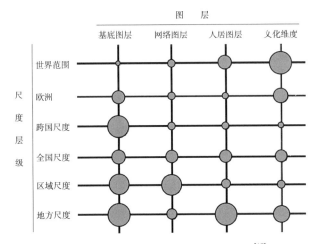

图1-2　不同空间层次对图层影响的程度[15]

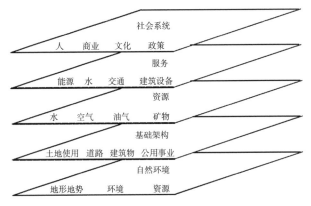

图1-3　科林·哈里森和伊恩·阿伯特·唐纳利的城市信息系统模型示意图[16]

设计[16]。

　　瓦诺罗（Vanolo A.）2014年认为城市具有"Smartmentality"（智慧力），应该分别从城市及城市空间的象征性、组织结构和规划管理层面分层地进行城市的"智慧力"研究，以达成政治合法化的机制[17]。

　　**2.单一要素或图层的城市设计分层研究**

　　大多数城市设计的分层研究，都采用了地图叠加、mapping等技术方法进行分析与研究，由此产生了大量的城市空间的mapping或图解模型和城市专题地图研究。

　　最初的单一要素的分层研究是针对生态景观层面的地图叠加研究（表1-1）。首先是19世纪末期，约翰·鲍威尔（John Powell）提出的土地适宜性分析和查尔斯·艾略特（Charles Eliot）提出的地图叠加方法的雏形。20世纪开始，地图叠加思想广泛地应用于各个景观规划、自然资源规划项目之中，形成了成熟的地图叠加技术方法。这一时期的叠图方法主要是地图叠加，是对于未量化的自然要素的直接叠加，缺少对人文、心理要素的关注，而且当时二维地图增加了叠图分析的局限性。20世纪中后期，菲利普·列维斯（Philip Lewis）和伊恩·麦克哈格（Ian Mcharg）等人在地图叠加方法中增加了研究要素的权重分析，使其更加趋于科学化、理性化。这个阶段的叠图技术已经开始对要素进行量化及评价处理后进行权重叠加，是一种非线性的组合叠加，更注重叠加时要素间的关系。

生态景观层面的地图叠加研究　　　　　　　　　表1-1

| 时间 | 代表人物 | 方法与理论 | 地图叠加技术方法的操作核心 | 代表项目著作 |
|---|---|---|---|---|
| 1869年 | 约翰·鲍威尔 | 土地适宜性分析的雏形——景观综合研究评价 | 将影响建设的要素进行独立的研究分析，而后叠加形成综合的研究评价报告[18] | 科罗拉多河及其支流的勘探报告 |
| 1893年 | 查尔斯·艾略特 | 地图叠加方法。将科学方法引入景观规划的研究中 | 将不同要素的分析在半透明的图纸上绘制成专题地图，运用日光透射等方式将其进行叠加，得出综合结果[19] | 大波士顿地区公园系统规划 |
| 1904年 | 西格弗里德·帕萨尔格（Siegfried Passarge） | 照片叠加理论 | 景观设计应基于地理地形图，叠加地质和植被等地图，呈现出不同要素的形态类型[21] | |
| 1912年 | 沃伦·曼宁 | 被文献记录下来的最早的手工绘制的地图叠加分析 | 用一系列同比例地图对相应的资源要素进行逐一分析，运用叠加技术呈现设计方案[20] | 贝尔里卡镇规划（图1-4）；全美风景园林规划 |

| 时间 | 代表人物 | 方法与理论 | 地图叠加技术方法的操作核心 | 代表项目著作 |
|---|---|---|---|---|
| 1950年 | 杰奎琳·蒂里特（Jacqueline Tyruhitt） | 首次系统地总结了叠图方法及理论 | 叠图方法是基于同比例的透明性基础地图，每个因子为一个图层，将其分层叠加在底图上 | |
| 1962年 | 菲利普·列维斯 | 环境资源分析地图研究 | "资料收集—制图—叠加—分析—评估"的研究过程[22] | 威斯康星州游憩规划的自然资源评价 |
| 1963年 | 伊恩·麦克哈格 | 因子分层分析法，即"千层饼"模式 | 每张透明地图分析一个要素，并将不同区域按照价值高低进行量化，也就是说各个因子具有不同的权重参数，用不同深浅及色调的颜色进行表示[23] | 《设计结合自然》（Design with Nature）；沃辛顿河谷地区的土地价值研究（图1-5） |
| 2004年 | 弗雷德里克·斯坦纳（Frederick Steiner） | 土地利用的适宜性分析图 | 将自然要素与人文要素的信息数据绘制于半透明图纸上，运用颜色的深浅代表要素重要程度的等级，综合叠加[24] | 《生命的景观》（The Living Landscape） |
| 2006年 | 威廉·马什（William M. Marsh） | 区域综合开发潜力分析 | 根据土地利用的适宜度等级，将景观中每一类组成成分分成不同的利用等级，并赋予数值，然后计算出数值的总和，用于描绘研究区域的开发潜力[25] | 《景观规划的环境学途径》（Landscape Planning: Environment Application） |

表格来源：作者自绘

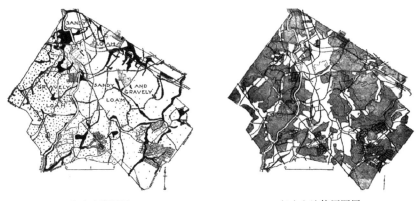

（a）土壤图层 　　　　　　（b）土地使用图层

图1-4　沃伦·曼宁在贝尔里卡镇规划中应用的地图叠加方法[26]

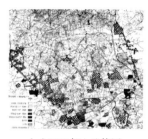  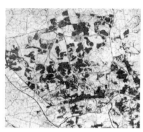

（a）1963年土地使用　　　　（b）1963—2000年土地扩展　　　　（c）无控制发展

图1-5　沃辛顿河谷地区土地利用方式演变地图叠加[23]

　　基于景观设计学的叠图研究，詹姆斯·科纳（James Corner）提出了mapping方法以及"绘画地图"（map-drawing）方法。他注重对城市空间与实践的理解与重构，强调城市空间中不同城市要素之间的逻辑关系与内在联系，以此对城市空间进行不同视角下的认知[27]。康纳的mapping成果通常是将照片、地图等进行拼贴，是介于空间认知艺术与技术之间的一种模糊图像。他在《测量美国景观》（*Taking Mearuses Across the American Landscape*）一书中，运用各种航拍图像与地图相结合形成"绘制的地图"，以呈现不同类型的美国景观，这一时期的mapping具有很大的主观操作空间，既体现了场地的信息，也表达了规划和设计的艺术性与审美趣味，以此结合地图进行设计表达，可以强化mapping中每一个图层的特征。

　　随着大数据时代的到来，许多设计师个人及设计团队都运用多维的mapping方法来再现城市空间的信息与数据，以揭示城市空间的各种内在机制和特征。例如，伦敦大学建筑学院空间句法实验室（Space Syntax Lab）、CHORA事务所、布莱恩·麦克格拉斯（Brian McGrath）、哥伦比亚大学空间信息实验室（Spatial Information Design Lab）、史蒂芬·范·达姆（Stephan Van Dam）、麻省理工学院可感知城市实验室（MIT SENSEable City Lab）等。值得一提的是，2010年纳迪亚·阿莫鲁索（Nadia Amoroso）在其著作《揭露城市：mapping隐形的城市》（*The Exposed City：mapping the Urban Invisibles*）中较为详细地阐述了有哪些基于mapping方法的城市空间中不可见的城市要素，以及这些隐性要素是如何进行分层"再现"的。该著作将凯文·林奇（Keyvin Lynch）的城市意象和MVRDV的城市模型，作为mapping方法在城市设计中的分层研究案例进行了详细介绍，梳理了mapping的多元化、多维度化的城市设计研究。

城市设计专题地图是基于大数据信息与mapping技术方法的发展而产生的针对城市设计中某一个或某一类要素进行的分层分类研究，主要是对于城市街区图层、城市气候图层以及城市生态图层等的研究，以此形成了相应的城市专题地图。

城市街区图层的研究起源较早，其进行量化分析与研究源自1969年皮特·哈格特（Peter Haggett）和理查德·乔利（Richard J.Chorley）在《地理学网络分析》中对传统的网络分析技术进行了归纳，提出常规交通网络分析法，是城市道路网络布局分析和设计最重要的描述工具[28]。20世纪末期，随着地理信息系统研究的发展，空间句法实验室提出了"空间句法"（space syntax）研究方法，为城市设计师和建筑师提供了一种替代传统街道网络拓扑分析的有效工具，在制作这些反映城市空间特征的地图方面取得了许多成就[29]。斯蒂芬·马歇尔（Stephen Marshall）在《街道与形态》中建立了"路径结构分析"技术方法，用以描述网络中路径的各种形态特征[30]。

城市气候地图（U C Map：Urban Climate Map）于20世纪50年代由诺赫（K. Knoch）提出，建立了城市气候学与城市规划之间的联系[31]。1964年，德国基尔、斯图加特、波恩等城市开始编制城市气候分析图，经过多次的改编，形成了城市气候专题图集[32]。从20世纪80年代开始，欧洲的许多国家都相继开展了城市环境气候图研究[33-34]。2006年后亚洲的城市和地区也相继开展了相关研究[35-36]。

目前，城市气候地图的研究方向大体上可分为地理信息技术应用、气候区划理论研究和建立数据信息库3个方面。首先是运用地理信息技术建立各种气候信息的遥感数据库和分析平台；其次是提出气候区划系统（Local Climate Zone，LCZ系统），将整体的城市气候分为17个气候区（其中城市建成区10类、农村7类）进行研究[37-38]；最后是在多元信息汇总及处理方面，城市学者开始建立数据信息库。例如，德国学者将世界城市数据访问门户工具（wudapt）与当地城市气候区划相结合，建立一个集城市遥感数据与气候信息数据于一体的数据库，便于在城市规划、景观设计中考虑气候因素。

城市生态地图的雏形源自麦克哈格的千层饼理论和土地适宜性理论，20世纪末期生态学家开始将城市设计与景观生态学进行交叉研究，从而萌生了城市生态地图。日本学者新井等人认为将生态观点引入城市高密度建成区的更新和改造中是十分必要的，提出"城市生态地图"概念，旨在从生态学的角度对城市建成区的现状进行分析，并提出设计策略[39]。澳洲生态学家克莱尔·弗里曼（Claire Freeman）和奥利弗·巴克（oliver Buck）等人从生态学角度对新西兰市区内的生态地图绘制进行了研究，介绍了生态地图的绘制方法，认为其应该包含城市所有的自然区域和开放空间，如自然保护区、公园、运动场、非正式的开放空间、园林、植被沟、荒地等[40]。安东尼·菲特斯（Anthony Fettes）（2014）探索了城市设计与城市生态之间的关系，认为凯文·林奇的城市意象五要素与景观生态学家在生态研究中使用的概念和术语是相似的，并将其融入城市生态设计中，构架多层次的城市景观生态图[41]。萨德吉·莫日根（Sadeghi Mozhgan）以景观生态学的"基质—斑块—廊道"为基础理论进行了城市自然生态网络图层的设计研究。以大不里士（Tabriz）市为例，以100公顷六边形为单元，组合成网络，叠加到城市生态图之上，形成城市生态网络构架，进行生态价值评价[42]。

### （二）国内相关研究综述

#### 1. 城市物质空间的分层研究

城市设计的分层研究中，针对物质空间的研究较多，其主要分为两大类，一是在城市设计中将城市空间作为一个整体进行图层或分层的思考与探索，二是对城市设计中的部分空间、图层或者要素进行分层研究。

首先，城市物质空间进行整体上的分层研究方面，我国早期有清华大学的朱文一（1995）在其博士论文中提出了城市符号空间理论，随后撰写了《空间·符号·城市———一种城市设计理论》，认为生存环境是人类文化（符号）的空间化，从而将城市空间符号化与人类文化相结合，将城市空间分为游牧空间、路径空间、广场空间、领域空间、街道空间和理想空间6个层面[43]。

2007年，天津大学的陈天对城市设计的整合性理论与思想进行了梳理，同时提出将城市设计进行"拆合做作"，以此将多元城市要素组织起来，以生态观和整合观的视角来完善城市设计理论与实践[44]。

哈尔滨工业大学的金广君教授对分层进行城市设计研究提出了一定的观点与操作方法，其博士生刘堃（2010）的著作《城市空间的层进阅读方法研究》，将城市空间调研过程从整体性上进行思考，主张将城市空间看作"文本"进行"阅读"，提出"层进阅读方法"这一新的城市空间调研方法，将城市空间分为空间形态层、生活能效层和发展意向层，同时阐述了这3个空间层级是如何进行描述、评价和阐释的，以此建立了层进式城市空间调研方法体系[45]。金广君教授的硕士生周正（2018）提出了城市形态的图层化认知方法与模型框架，将解释性的图层分析与干预性的图层分析方法应用于城市设计之中。该研究以相关的城市设计实践项目为例，阐述了城市设计形态中的分层过程，将城市形态划分为元素图层、组构图层和效能图层[46]。

华南理工大学的张小娟（2015）从管理学和系统学角度提出了智慧城市系统的概念及特征，认为智慧城市分为战略、社会、经济、支撑和空间5个子系统及其内部的要素，从结构上分为物理层、战略层、活动层3个层，强调这3个层和5个子系统之间的逻辑关系以及作用机制[47]。

华南理工大学的罗军（2017）基于康泽恩的城市形态研究方法与景观生态学的模型，将城市形态要素通过图示化语言进行整合，建立起多尺度多层次的城市形态地图研究体系，研究在不同的尺度层级中，通过不同的城市形态地图进行分层解释、阐述与表达[48]。

杨俊宴及其团队建立了"城市三维智能管理平台"（city 3D intelligent management platform），基于数字化城市设计和大数据研究方法，将城市空间的各类信息输入平台之中，建立城市的三维模拟模型，是一种城市设计辅助决策系统，目前已经应用于威海市的总体城市设计之中。

除了上述整体性的城市空间分层研究，还有对城市设计中部分城市物质空间、城市图层进行分层的研究，这类研究多采用图层叠加方法、层次分析方法等，通过对城市物质空间的部分要素进行分类、分层的研究，最后叠加得到所需的研究结果。例如，顾大治、王彬（2019）针对城市高度形态基于资源环境承载力、城市经济效益和发展政策导向3个层级和要素，运用层次分析法叠加权重，通过图层叠加的方法构建了城市高度形态拟合模型（图1-6）[49]。

在城市物质空间的分层研究中，必须提及的是城市专题地图的研究，例如城市生态地图、城市气候地图、城市街区地图等研究。我国在城市生态地图的研究上极其薄弱，目前大部分生态城市设计项目是不具备城市生态地图研究的。21世纪初，开始有部分城市规划学者基于地理信息系统（GIS）研究城市生态环境、生态景观格局。哈尔滨工业大学的贺志军（2012）建立了我国GIS在生态城市设计中的应用框架，将GIS引入生态

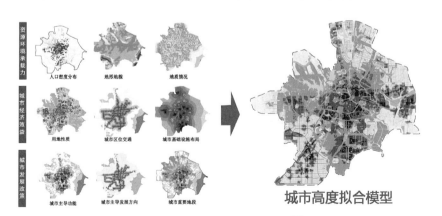

图1-6  城市高度形态拟合模型[49]

城市设计中[50]。在城市生态地图方面，华中科技大学李保峰教授2009年将三维数字地图应用在城市生态规划中；其博士孙钊（2012）提出了在生态城市设计中建立三维数字地图的"4张图"研究框架，分层次集成了城市的现状自然生态环境数据、城市现状建设数据、城市建设项目数据和生态城市设计数据，并以武汉市为例将三维数字地图与城市不同层次的生态设计相结合，建立了初步的三维城市生态设计地图[51]。南京信息工程大学的季宇虹（2011）将三维地学信息图谱与城市生态信息相结合，建立了南京景观生态地学信息图谱[52]。

21世纪初，我国学者开始了城市气候地图的研究，目前尚处于起步阶段。主要借鉴国外（多为德国）的城市气候地图研究和编制方法，探索适合我国的城市气候地图和城市气候规划建议的编制方法。浙江大学的刘姝宇（2012）对德国的气候图集的制作方法和形式做了概述，是国内早期对城市气候地图进行详细梳理的综述性文章[53]，它以斯图加特市城市气候地图的编制为例，分析和总结了其编制内容、方法和技术等[54]。2017年，刘姝宇将城市气候地图研究应用于厦门的实践之中[55]。华南理工大学的葛平安（2014）通过对比分析，总结已有的绘制城市气候图的各项技术措施，建立了城市气候图风环境图层数字化研究方法[56]。

香港中文大学在都市气候地图方面的研究处于我国领先的状态，早期研究是建立在德国、日本的基础之上的，但在吴恩融教授的带领下其研究符合香港气候特征、城市特性，具有香港地区特色。其研究主要侧重于小尺度气候地图、风环境、热环境等方面[57-58]。任超、吴恩融（2012）编著了《城市环境气候图：可持续城市规划辅助信息系统工具》，介绍了城市环境气候图在城市规划应用和工程项目上的成果，从城市环境气候图的研究发展历程到研究方法、编制程序、相关政策等都进行了详细的总结。目前，香港中文大学在研究相应模拟软件，用标准化、科学化的方式来描述土地覆盖及其对城市热岛效应的热性能。自2012年以来，世界城市数据库和访问门户工具（wudapt）与LCZ研究合作，推出了可以快速收集城市形态信息和创建LCZ maps2的模拟软件，在中国大陆，最先以广州为示范进行使用[59]。在城市气候地图的绘制方法的研究上，上海交通大学杨义凡（2012）[60]、清华大学唐燕（2015）[61]都对当代城市气候地图的绘制方法和内容进行过分析，从编制尺度上将其分为国家、州、城市三个层次，详尽地介绍其绘制、分析和使用方法。贺晓冬（2014）以北京为示范案例，分析了其初步建立的城市气候图系统的方法、内容与特点，总结了城市气候图提出的规划建议，并对其与现行规划的矛盾性和可行性进行了分析[62]。

**2. 城市抽象隐性空间的分层研究**

近年来，许多城市研究者将地图叠加应用于城市隐性空间的研究中。最早是王建国教授将城市设计研究中的基地分析、心智地图、标志性节点空间分析、序列实景分析、空间注记分析、电脑分析技术方法相结合，建立了一种综合性的城市空间形态分析观[63]。

中南大学土木工程学院张楠教授受凯文·林奇的城市意象理论的影响，将地图叠加的研究方法运用在城市叙事空间的研究上。其学生在研究中大量运用地图叠加的方法，并将其运用在澳门、南宁、长沙等城市的叙事空间规划实践中[64-65]。例如，张平（2011）运用地图叠加法基于城市意象五要素，对南宁市旧城中心区城市叙事空间进行研究分析，并提出了相应的城市设计策略，是定量的叠加分析与定性的研究相结合的城市设计研究[66]。

西南交通大学的刘杰（2012）运用空间叠析方法对总体城市设计的组成要素分层进行分析研究，通过叠加有效地整合成一个多要素的整体空间要素体系[67]。

刘春成在其著作《城市隐秩序：复杂适应系统理论的城市应用》（2017）中将城市这个复杂的巨系统依据其内部自组织的秩序和逻辑机制进行剖析，认为城市系统内部深层次的秩序和结构是有序与无序的统一。同时，他对城市空间的隐性秩序及导致这种隐性秩序的各种原因和要素进行了分析与研究[68]。

　　北京建筑大学的董梦（2020）基于图片数据信息运用GIS的空间叠置分析和其他方法，对城市意象的空间分布特征进行了研究，将多个位于同一坐标系统中的城市意象空间要素或子图层进行叠加，以此形成新的城市空间图层，这种新的图层与原来的要素或子图层之间存在一定的关联，并且具有原来的特征与属性[69]。

　　东南大学的李慧希（2016）对mapping研究方法的历史、理论与相关的应用方法进行了梳理与研究，为建筑学与城市设计的图示化研究的工具与技术方法提供了基础[70]。

　　同济大学的翟宇佳、徐磊青（2016）梳理了城市设计中多维度的量化研究模型，以及每个模型涉及的城市设计要素与指标，包含物质空间和抽象空间等城市设计涉及的空间要素；同时，将每个城市设计要素与指标与大数据平台中的量化分析方法进行——对应，总结了适应要素和指标的分析方法[71]。

### 3. 城市空间的时间尺度分层研究

　　除了对城市设计中城市的物质空间、抽象空间等通过要素或图层的分类方式进行分层研究外，许多城市学者还注重城市空间在时间维度上的分层研究，强调城市设计的发展性、动态性和延续性。最初时间尺度的分层研究，主要是与其他方面的城市空间、要素研究相结合，对空间的演变进行了简单的分析与研究，共同辅助城市设计方案。近年来，更多的学者专注于研究单一时间尺度的城市空间分层，将时间作为唯一变量来分析城市空间在不同时期的变化，以及各个城市要素随着时间变化而产生的不同作用机制。

　　王才强、刘文良（2012）认为城市空间是时间层叠的图层产物。他们将新加坡城市外部空间解析为由不同的城市图层交叠构成，主要从多个公共空间图层的历史成因、发展变革等方面进行分析，总结其空间形成的动因，然而并未具体分析其客观的空间配置和使用情况[72]。

高雁鹏（2018）运用空间叙事学的思维方式，基于GIS分析平台，通过对城市设计中的叙事要素、人文要素的筛选、分类、统计和分层分析，对沈阳市旧城区古代、近代、现代3个时期的城市文化、城市意象以及场所精神进行研究，最后通过这些要素的叠加，构建起沈阳市旧城区的叙事空间结构，对其整体空间结构的演变进行研究与设计（图1-7）[73]。

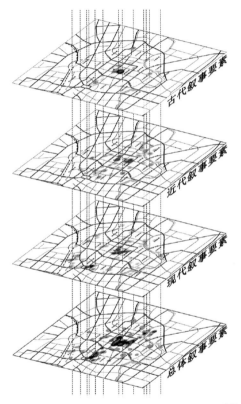

图1-7　沈阳旧城区历时性叙事空间图层叠加[73]

王奕松、黄明华（2019）认为城市空间与时间维度具有一定的内在规律、动态延续以及复杂性，从时间维度去思考城市空间可以使得城市设计具有整体稳定性；同时结合当前外国的城市设计实践层次体系，有层次地针对总体城市设计进行"结构整合"，针对地块城市设计进行"渐进引导"，从时间和城市设计实践两个维度进行城市设计分层思考[74]。

## （三）相关研究简析

国外的相关城市设计理论主要分为整体城市设计或城市空间的分层研究和单一要素或图层的城市设计分层研究两个方面。在整体城市设计或城市空间的分层研究中，国外有一些较为成熟的整合性理论和分层理论，主要起源于工业革命后期的现代城市规划与设计理论。

其中整合性理论主要包括爱德华·培根的"同时运动诸系统"、亚历山大的城市统一体思想等。随后发展出的分层城市设计理论中，奥斯瓦尔德·昂格尔斯的分层城市理论以及荷兰的图层分析模型（荷兰层次法）是与本研究关联性最强、最具借鉴意义的两种理论与方法，这两种城市设计理论与方法提出于20世纪90年代，较为成熟，但都有各自的弊端。分层城市理论建立了一个城市设计中的图层叠加系统，并简单地描述了各个图层的作用机制，同时将其应用于实践之中，但该理论只考虑了城市的物质空间，忽略了其他隐性要素及图层。荷兰的图层分析模型主要是基于时间尺度的城市空间图层分析，为城市设计提供了一种新的逻辑思维方式。荷兰的城市规划与设计依据该方法，根据具体的问题选取不同的图层建立相应的城市空间模型，但由于各个城市空间及要素在时间上的演变无法运用统一的时间尺度进行衡量，所以该方法具有较强的限制性。

针对单一要素或图层的城市设计分层研究，缘起于景观设计学与地图叠加方法的研究，主要发展于大数据时代，基于相关的数据信息和量化分析方法进行研究，各类城市专题地图的研究是这一研究方向的主要成果。这些城市专题地图或图解模型，多基于地图叠加、mapping等技术方法进行研究，并以此形成了相应的要素或图层研究方法与数据库，为城市规划与设计提供了数据及技术基础。

国内的相关研究中以方法论研究为主，理论研究较少，可以分为物质空间、隐性空间以及时间维度3个方面的分层研究。其中物质空间的分层研究成果最多，也有部分成熟的理论和思想，例如朱文一运用符号学和类型学思维提出的符号空间理论和金广君提出的运用图解和图层的方式来分析城市形态的思想，以及我国目前提出的整合性城市设计思维。这部分国内的理论仅仅是提出了一种研究方向和思想，并没有进行长期深入的研究，所以不够成熟，也未形成完整的体系，但是为本文提出的城市设计中的城市图层研究提供了更加本土化的研究基础。国内对于物质空间的分层研究，更多的是在城市专题地图研究之中，这些研究借鉴了国外的研究方法与理论，结合我国城市设计的特色，应用于国内的城市设计实践之中，形成了一些较为成熟的技术方法，但应当对这些研究方法进行整合，构建一个完善的研究体系。

城市抽象隐性空间的分层研究中，国内学者多承袭凯文·林奇的城市意象理论、心理认知地图和舒尔茨的场所理论等理论思想，应用于国内的城市设计研究中，所以对于市民心智地图和城市空间意象地图的研究较多，而在其他方面的研究较为薄弱。城市空间的时间尺度的分层研究在我国开展得比较早，目前更多的学者专注于研究单一时间尺度的城市空间分层，分析城市空间的各个要素的历时性变化，包括要素的演进规律、演变机制等。

通过国内外研究的综述，可以看出：第一，城市设计中针对图层方面的研究较少，但城市设计的分层研究较多，这些分层研究多为城市物质空间方面，应注重对城市的抽象空间、隐性要素和时间维度的分层研究。第二，国外研究中有部分理论研究，并且形成了一定的理论体系，而国内多停留于方法研究和方法实践层面，并且国内的研究多为针对单一城市要素或图层的城市设计分层研究方法，并未形成完善的理论体系或方法体系，应该考虑到城市设计的整体性，对城市设计中的图层理论及方法进行整合，形成完善的理论和方法体系。

城市设计中的图层
思想溯源与发展

正视城市设计的复杂性与系统性是一个破旧立新的过程，需要建立一个继承传统而又融入新思想的理论体系和方法来进行引导。我们应该较为系统地梳理城市设计理论中的图层思想的起源、历史脉络与未来的发展基础，为建立相应的城市图层理论体系和方法体系打下基础。本书通过梳理发现图层思想主要在生态空间、物质空间和抽象空间3个层面的发展脉络相对清晰，影响较深，理论成果较为突出。因此，本书也尝试从这3个层面对城市设计中的图层思想发展展开论述。

## 一、城市设计中的图层思想起源

城市设计中的图层思想起源于格式塔（Cestalt）的"图底关系"（figure-ground）理论与地图学的结合，以城市地图为基底，运用"图形"和"背景"的视觉结构对城市空间结构进行分层研究，主要的研究对象是建筑与城市空间的关系。

### （一）图底关系的产生

#### 1. 格式塔的图底关系理论

图底关系的研究是基于人类对"形"的视觉习惯而提出的。人的视觉力场始终会自主地将看到的物象分为"图形"和"背景"两个部分，图底关系是用来判定哪些形是从背景中突出出来成为"图"，哪些形是退于视觉背景之中衬为"底"。图底关系中，不仅要注意从背景中突出出来的"图"，还要强调衬为背景的"底"的重要性，"图"与"底"是共生的，只有图底共同存在并起作用才能形成一个完整的格式塔图底关系。"图"与"底"在某些条件下是可以互换的，也就是说"图"在具有某些属性后可以成为"底"，同时"底"会突出于原来的"图"而成为"图"，但二者不能同时成为"图"或者"底"（图2-1）。

（a）白杯黑脸　　　　　（b）黑杯白脸　　　　　（c）人脸侧影

图2-1　"鲁宾杯"的图底关系示意图[75]

### 2.诺利地图的出现

图底关系最初在城市设计中的应用可以追溯到1748年詹巴蒂斯塔·诺利（Giambattista Nolli）的罗马地图，也称诺利地图（Nolli map）。由于它是雕刻于铜板之上的，所以采用"图底关系"的方式来表示城市空间形态，通过涂黑与留白的形式来表达城市的空间结构与肌理[76]。

诺利地图绘制了街道、街区以及主要的公共建筑（教堂、宫殿、市政会议厅等）的首层平面。将建筑内部与外部空间进行混合表现，其中建筑等实体空间在二维图纸中为黑色，将城市外部空间表现为白色，通过一黑一白两个图层的图形和背景的关系清晰地展示了罗马的建筑形态以及城市外部空间形态（图2-2）[77]。

诺利不同于传统的城市空间理解方式是诺利地图形成的根本原因。同一时期，乔凡尼·皮拉内西（Giovanni Piranesi）也绘制了罗马市区战神广场周边区域的地图。皮拉内西对于城市平面空间的理解是其由各种类型的建筑物及街道、广场空间组成，每个建筑物都是独立且不同的；诺利则将城市的平面空间理解成公共空间与私人建筑的组合，所有的不开放的私人建筑都被表达为同样的"图"，而所有的公共空间也被表达为同样的"底"。二者的差异在于两个地图绘制者对于城市的理解有所不同。诺利地图可以被看作是一个城市正负形（urban poche）的地图，地图并未按传

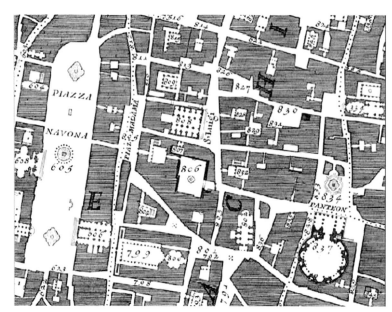

图2-2 诺利地图的局部（纳沃纳广场、万神庙区域）与其图底关系的呈现[77]

统地图的建筑室内与室外来进行分类表达，而是按照城市空间的公共性来进行分类表达的。这种分层的表达方式体现了诺利对城市空间的理解，建筑与空间互为"图""底"。诺利地图所表达的连续空间的图底关系中，实体和虚空只是在口头上或感受上截然分开，在概念上则相互补充。

　　基于诺利地图的广泛使用，图底关系被用于分析城市空间结构，将空间物化，成了城市设计史上最传统的地图制图分析方法。诺利地图在城市设计中具有两大价值：一是其作为一种有效的城市空间分析工具，二是诺利地图提供了一种基于设计师与规划师对于城市空间的不同理解，将城市空间进行分层表达的方式可以较为明晰地表达城市的空间结构。

　　**3.图底关系在建筑与城市规划中的初步应用**

　　斯蒂恩·拉斯姆森（Steen Rasmussen）将图底关系引入建筑和城市的空间设计之中。他基于现象学的方法去描述建筑与空间体验的过程，认为"图底"是反映建筑的几何维度特征的一种直观的视觉性的建筑体验方式。图底关系可以用来表达建筑的"实体"与"虚空"之间的关系以及建筑的平面与剖面（图2-3）[78]。随后，图底关系在更大尺度范围的城市设计与规划方面进行应用，主要用于描述与分析二维平面的街道、街区、建筑物与城市空间之间的关系，以及城市肌理分析等方面。

（a）建筑平面的图底关系表达　　　　　（b）建筑剖面的图底关系表达

图2-3　建筑平面与剖面的图底关系表达[78]

## （二）图底关系的再思考

### 1.文丘里的符号化与意义化图底关系

进入现代主义时期，由于城市迅猛发展，城市规划学者更多地关注通过不同的城市结构和物质空间形态来规划城市，图底关系分析已经不能适应当时的城市设计研究。20世纪60年代，建筑和城市设计领域开始注入语言学和符号学思想。罗伯特·文丘里（Robert Venturi）受到语言学和符号学思想的影响，对传统的图底关系分析方法进行了改进。文丘里的图底关系具有符号化与意义化两个特征。

1972年，文丘里在出版的著作《向拉斯维加斯学习》（*Learning from Las Vegas*）中，对传统的图底关系分析方法进行了改进，使其不仅仅局限于实体建筑和外部空间两个图层，而是基于想要表达的主题，筛选出相关的城市要素，将需要突出的要素留白，将起衬托作用的要素涂成黑色，从而进行不同主题图层的地图分析（图2-4），通过对主题图层的研究和叠加，总结相应的城市特征。

针对不同的城市问题，文丘里选择用不同的主题图层进行图底关系分析。他将拉斯维加斯的广告标牌提炼成城市符号，并以广告标牌为主题图层，叠加简单的城市地图，绘制了相应的广告标牌地图（图2-5），凸显了城市风貌[79]。

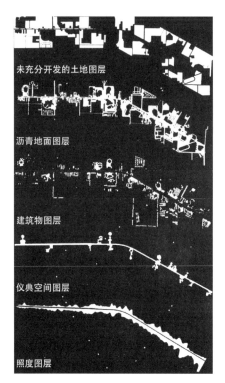

图2-4　拉斯维加斯主要商业带的城市空间分层分析地图[79]

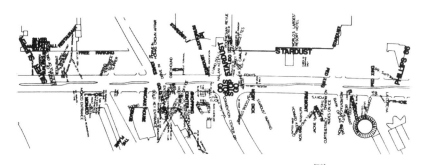

图2-5　拉斯维加斯商业带的广告标牌地图[79]

　　传统的图底关系分析是将城市空间化，只表达城市的建筑实体空间及外部开放空间，文丘里则是将城市符号化、图形化，强调空间的象征性而非形式。这种多图层化、符号化的衍变，使得图底关系分析更具针对性和可塑性。

不同主题图层的图底关系分析，可以阐释不同的城市问题。图底关系分析的"多图层化""符号化"衍变，使其在城市设计研究中变得具有针对性，可以适应多种城市设计的需求。

1978年，文丘里运用"拼贴"的设计方法，将罗马实景照片与第7块诺利地图进行拼贴融合（图2-6），整体上可以看作以照片为"图"，地图为"底"，局部区域则可以看作照片与地图上原本的黑色区域（即建筑实体空间）共同为"图"，留白区域为"底"，也可以将拼贴的前景照片看作"图"，拼贴的远景照片看作"底"，二者可以互换。这种将罗马兄弟神庙（Tempio de iDios curi）与拉斯维加斯广告牌进行类比与拼贴的手法，意图强调城市的传统历史文化与纪念性建筑物、构筑物的纪念意义。通过这种独特的图底关系形式，将图底关系意义化，起到"广而告之"的作用。

（a）文丘里设计前的第7块诺利地图与建筑画　　　　（b）文丘里设计之后

图2-6　建筑平面与剖面的图底关系表达[76]

### 2.城市肌理中的图底关系

图底关系理论用于描述城市的肌理，并用来分析城市与建筑中空间的关系、开放程度、多样化程度等，以此来评价城市空间与城市肌理的积极性。

1969年，美国社会学家伯纳德·鲁道夫斯基（Bernard Rudofsky）对各种平民街道的类型进行了描述，其描述的思想也是基于图底关系对城市的街道空间进行理解与认知。他认为街道是由道路被周围的建筑围合而形成的，所以将城市的街道空间分为"街道"与周边围合的实体建筑物两个图层，二者是相辅相成的[80]。

柯林·罗（Colin Rowe）的图底关系中同样存在建筑实体与空间两个图层，强调图底关系中图层的透明性，并且以城市肌理为研究核心，认为城市肌理的图底关系是城市的空间主体。同时，柯林·罗将poché引入城市设计的图底关系之中，用于解释图底关系中的"图"与"底"，提出了urban poche的概念，即建筑是城市空间中的基质[81]。

小尺度的街道、街区也可以用图底关系理论来分析与研究。街道空间与建筑实体互为图底，可以通过图底面积的量化分析对街区空间进行研究。

### 3.图底关系的复兴

进入20世纪末期，城市规划将重点由平面肌理规划转向空间立体规划；城市规划与设计的尺度范围越来越大；城市规划更加重视生态与社会等维度的研究。传统的图底关系方法只能表达平面二维的城市肌理，无法兼容城市的立体空间和其他更多的维度。然而，为了表现这种城市肌理存在的问题与现状，柯林·罗运用图底关系绘制了西方传统城市与现代城市的城市肌理图。图2-7为西方传统城市意大利帕尔马的肌理图底关系，图2-8为勒·柯布西耶（Le Corbusier）的圣·迪耶工厂方案的图底关

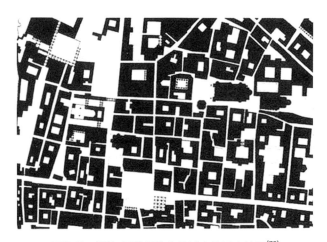

图2-7　柯林·罗绘制的传统城市的图底关系[76]

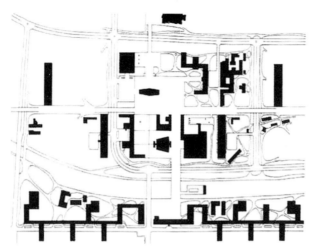

图2-8  柯林·罗绘制的现代城市的图底关系[76]

系，代表了现代城市的城市肌理。通过对比可以看出现代城市的图底关系几乎是全白的，被表达为"图"的黑色建筑物独立且分散地分布在城市之中。城市的外部空间是被建筑物占据之后的剩余部分，也就是大面积留白的"底"，没有形状，也没有边界。柯林·罗将现代城市的图底关系称为"建筑实体的城市地图"，传统城市的图底关系成为"肌理的城市图画"[82]。

　　1986年，罗杰·特兰西克认为图底关系理论更是可以直接地阐述并指出现代城市在空间与肌理上存在的问题，并将图底关系改造成为三维立体式的表达方式，来呈现城市立体空间上的特征与问题（图2-9）。特兰西克强调街道是城市空间的一个重要图层，即"图"，而非建筑剩余的留白与"底"，应运用图底关系对部分失落空间的城市肌理进行改造设计，将图底关系分为建筑物、街道与外部公共空间、街区3个图层，不仅仅局限于传统图底关系的实体与空间两个图层（图2-10）[12]。

　　现代城市设计更多地是运用图底关系来探讨将城市设计的重点置于哪个空间图层，运用哪些要素来组成该图层，并运用何种图底关系表达方法来呈现城市问题与规划设计方案。

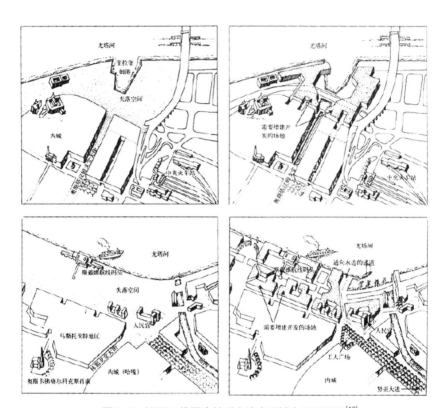

图2-9　运用三维图底关系方法表现城市肌理问题[12]

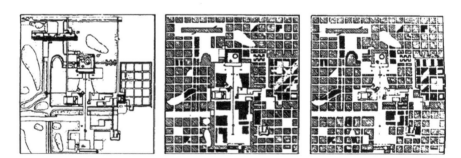

图2-10　运用图底关系方法对失落的空间进行改造设计[12]

## 二、城市生态空间理论中的图层思想发展

20世纪中期，为了解决更加复杂的大尺度土地、城市及景观问题，各界学者对景观开始了系统观的思考，主要是对景观系统的要素进行全面且分层级的研究及评价。随后，结合数字化信息技术的发展，产生了主题性城市地图、mapping技术方法等研究方法，加强了城市设计研究的系统性、层级性。

### （一）地图叠加及景观设计学

#### 1. 景观地理学的叠图理论

19世纪末，地理学家开始对大尺度地理环境中的生态景观及土地建设进行研究。首先是德国人文地理学家奥托·施吕特尔（Otto Schluter）强调景观设计的多要素特征，并且强调区域的各种要素与各种现象之间的相互关系。他认为景观是一个综合体，综合了人类对某一个地区的多种感官感受，包括风、湿度、温度等多个看不见的要素，景观设计应是这些要素的叠加之和[83]；同时将景观分为自然景观和文化景观两大系统，开启了景观系统的综合性研究。

1869年，约翰·鲍威尔认为景观规划师应针对地块中影响建设的多个要素逐一进行研究，再将所有的图层进行叠加分析[23]。随后，查尔斯·艾略特提出了"先调查后规划"的方法和基于不同要素的地图叠加方法，用以分析要素间的相互作用与关系。他对规划区域的植被、地形、土质等自然地理、社会经济、人文历史、人口等要素进行分层分析和叠加，从而清晰地认识基地各个层面的规划条件[84]。沃伦·曼宁运用地图叠加的方法将景观资源分为土地使用、地形、道路、土壤、植被覆盖、地形、铁路、高速公路、动植物资源、人文属性等图层进行研究。1904年，西格弗里德·帕萨尔格提出了照片叠加理论，认为景观设计应该以地理地形图为基础，

叠加上地质和植被等地图进行研究设计。

景观地理学的叠图理论以地图和图纸的叠加方法与理论研究为主，其研究分析的要素主要是自然要素，对人工要素以及人文社会空间的考虑较少。在叠加的操作过程中是将各类景观资源要素，运用同比例的半透明图纸或地图进行直接的叠加，并未做过多的分析处理（图2-11）。

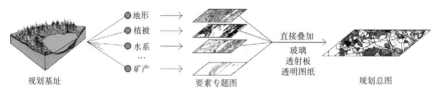

图2-11　传统的地图叠加技术方法示意图[85]

### 2.环境资源评价及景观设计学理论

20世纪中期，景观设计师逐渐意识到景观地理学提出的叠图理论的主观性过强，无法体现研究要素的重要程度等问题，于是将叠图方法与景观要素的数据分析、权重比例等相结合，开始了景观适宜性评价方法研究，使得景观规划更加科学、客观。

1962年，菲利普·列维斯应用图纸叠加方法评价景观自然资源（图2-12），将每一个景观要素单独置于一个图层进行研究，而后通过叠

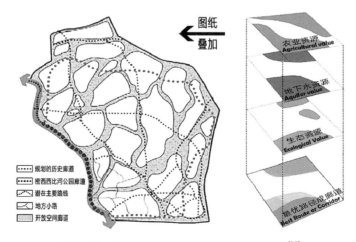

图2-12　威斯康星州户外游憩规划的叠图方法[85]

加整合为一张综合地图，从而呈现出基地的特质。他将"资料收集—制图—叠加—分析—评估"的研究过程称为"环境资源分析地图研究"[36]。同一时期，劳伦斯·哈普林执着于分析自然界生态要素的演变进程，以及要素间的相互作用关系，以此构建生态要素调研评价[86]；同时，将生态要素调研方法从景观领域应用到更大的城市及区域范围，提出了"生态评价"（Ecological Assessment）理论[87]。

　　基于对景观要素系统的构建及评价研究，1963年伊恩·麦克哈格在沃辛顿河谷地区的土地价值研究中，在透明的地图上将不同区域按照价值高低进行量化，并且涂上不同深浅及色调的颜色。在最初的研究过程中，麦克哈格运用黑白灰的图示来表达价值的高低（图2-13）[32]。在后期的研究中，麦克哈格运用不同色系的颜色来进行等级评价，通过因子的叠加形成土地适宜性报告。他从美学、自然资源和社会价值3个层面进行评价和分级研究。麦克哈格的重点为"叠加"，而非设计，通过分层将各种要素的信息图示化地呈现。他将景观设计分为气候、水文、土壤、植被和土地利用等多个图层，其中每个图层又包含诸多要素，共30多个要素[23]。

　　环境资源评价及景观设计学理论引入了"权重"的概念，将叠图方法与序位组合方法、线性组合方法相结合，较以往的地图叠加增加了数据叠加。这一时期的叠图方法仍然采用手工绘图的表达形式，其精度存在一定的局限性。同样，这种方法只能表达出要素、图层间的线性关系，许多非线性关系无法呈现。这一时期的理论及方法已经开始重视社会要素与图层，但其主要考虑了显性的要素与图层，并未对隐性的要素与图层做过多的分析。

## （二）城市主题地图及数字化城市设计

### 1. 城市主题地图的编制

　　20世纪中期，欧洲开始出现"城市生态地图"（ecological cartography）的研究[88]。其最初主要分为生物气候地图和植被地图研究，随后被整合

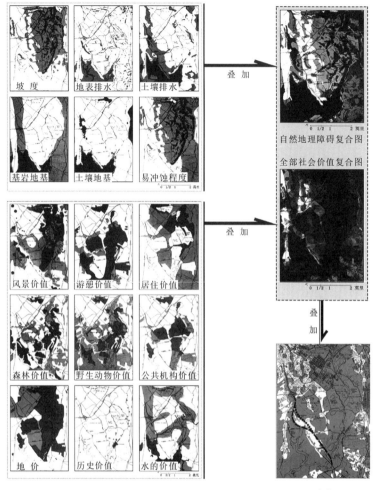

图2-13　纽约里士满林园大路的选线方案中的叠图方法[85]

成较为系统的生态地图。各个国家的诸多学者对城市生态地图进行了研究，提出了几类生态地图中应涵盖的要素组，即图层，包含地表、地形、土壤、气候、植被、生态基底、动物等图层[89-90]。

20世纪50年代初，德国斯图加特、基尔等城市开始了城市气候地图的实践，其内容以对太阳辐射、温度、湿度、大气污染等气候信息的客观现状绘制与分析为主。随后，城市气候地图开始运用计算机信息技术进行数据整理、分析、表达与绘制，并且融入了各种科学的量化分析方法与模型[91]。除了城市生态地图和城市气候地图，还出现了城市人口分布地图、宗教分布地图、高速公路及道路交通系统地图、城市旅游地图等各种主题性地图。例如，1990年理查德·沃尔曼（Richard Wurman）绘制了美国人口密度地图[92]。

这种主题性城市地图研究主要从图层内容、表达方式两个方面给城市图层系统提供了指导。主题性城市地图的核心思想是筛选并强调特定的要素组，并且有意识地忽略其他要素的信息，将其绘制在一定比例的城市地图上，形成相应的地图或地图组，可以为接下来的城市设计及规划提供相应主题的图层。主题性城市地图的模式也是城市图层系统中图层内容的一种表达方式，许多主题性城市地图甚至可以直接并入城市图层系统之中。

### 2. 系统性分层研究方法的诞生

基于景观地理学的研究，詹姆斯·康纳（James Corner，1999）将地图方法（mapping）引入景观设计中[93]，将景观要素的信息投影到地理地图之上，是图层思想的应用体现。随着信息技术及数据库的发展，mapping方法被大量地应用于景观设计、建筑设计和城市规划之中，开启了大数据和数字城市等研究领域。

近年来，mapping被广大高校及研究机构应用在各种城市研究中，例如，MIT的LCAU研究所（Leventhal Center for Advanced Urbanism）将mapping作为一种解构复杂城市系统，并呈现城市要素信息的技术工具，从城市物质空间、生态及社会等多个角度开展了"mapping climate through history（2017）""mapping America（2012）"等项目。国内有东南大学最早对mapping方法进行系统的研究与分析，梳理了国外的相关研究背景及mapping方法的发展脉络等。华南理工大学2013年创建了mapping工作坊，构建了以"跟踪—观察—发现—思维分析—绘制表达"为过程的mapping方法框架，从城市中最微观的尺度开始观察，为解读与认知城市空间与城市设计提供了新的思考方式与思维视角。

近年来我国学者借鉴国外的研究方法及理论，运用大数据及mapping方法，单维度地分析城市设计中的某一个（组）要素对城市空间形态的影响。2018年，王建国指出数字化信息技术的发展有助于城市设计的整体性研究的发展，认为第四代城市设计范型是数字化城市设计，通过数字采集、数字设计和数字管理进行全尺度、全过程的城市设计，整体性地研究城市形态，目前已在国内的城市设计项目中得到了实践[94]。2017年，龙瀛基于数字化城市设计，提出了"图片城市主义"，意在基于各种城市照片数据库，从照片中对城市空间进行微观尺度的分析，并且可以在照片之上直接绘制相应的图解来进行表达[95]。2017年，杨俊宴基于大数据信息构建了"城市信息图谱"，通过城市全空间覆盖范围内的绿量植被、市政工程、物理环境、产业机构POI、人车活动、意象感受、建筑地块自然地貌7个簇群层级的大数据模块，将多源数据与城市空间形态叠合在同一数字地图中（图2-14）[96]。目前城市设计的发展趋势是以整体性理论研究为基础，基于数字化的技术方法进行分层化的系统研究。

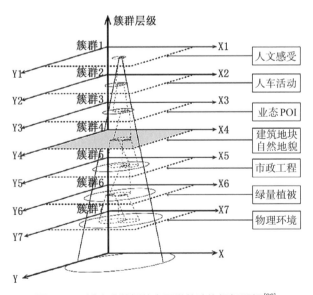

图2-14　城市大数据信息图谱的建构框架逻辑[96]

## （三）城市生态空间理论中的图层思想脉络

图层思想主要通过楔入其研究方法，在生态景观设计中发展开来（图2-15）。例如，起源于地图叠加方法，随后形成了较为成熟的环境资源分析和"千层饼"理论，开启了景观系统的分层研究。这个阶段的理论和研究方法存在着一定的限制，例如对要素的选择和评价具有很大的主观性，以及不同类型的要素之间难以类比等。

基于上述理论方法的发展，产生了各种类型的主题性城市地图。以城

**图2-15　城市生态景观理论的图层思想概述**

图片来源：作者自绘

市气候图集为例，从气候要素信息的收集与分析，到绘制于相对应的地理信息空间图纸之上，再到结合城市规划与设计的目标进行空间分析给出相应的规划建议等过程，主题性城市地图的系统性研究为城市图层系统的构建，从系统构建、图层及要素的内容、图层表达方式上起到了指导作用。

随着数字化信息技术的发展，景观设计中的mapping技术方法被引入城市规划和建筑设计之中，同时结合大数据等量化分析方法，促使城市设计迈入数字化阶段。这些数字化的研究方法是城市设计中图层思想应用的重要研究方法，它们可以客观地呈现出一些图层及要素的信息条件，使人们能快速地对所分析的事物和要素产生基本认知[97]。同时，上述研究方法在主题性城市地图及信息图谱的研究中也有所应用，其核心思想是筛选并强调特定的要素组，并且有意识地忽略其他要素的信息，形成相应的城市地图或地图组，可以为接下来的城市设计提供相应主题的图层。相较于其他层面，生态景观层面的城市设计理论和方法的研究尺度更大，涉及的要素更多，更注重精细化的量化分析。然而，这些理论方法对于城市设计内在机制的研究仍属于框架构建和初步探索阶段，并且对城市设计的人文属性方面的研究还有待深入。

## 三、 城市物质空间理论中的图层思想

图层思想研究在城市设计理论中的体现，主要集中在探讨城市物质空间的理论研究中，最早是对于城市空间结构的分层研究，随后又出现了更加深入的研究，例如空间要素的分类和图解等。所以，城市物质空间视角下的图层思想发展主要从城市结构及空间分层研究、城市空间及要素的图解化分层研究两个方面进行梳理。

## （一）城市结构及空间分层

### 1.城市空间结构的分层分要素探索

"简单性"（simplicity）是古典西方哲学和逻辑学的一个信条，古代的城市研究主要基于还原思想与简朴性的美学原则。然而文艺复兴之后，随着自然科学的发展，城市规划学家发现城市的复杂问题与结构无法运用简单的理论与思想进行理解与规划，所以开始了对城市空间与结构的分层认知与研究。

早期对城市空间结构进行分层研究的有克里斯托弗·亚历山大，他认为城市是相互交叠、集合的半网络结构，打破了传统将城市空间要素的分层等级看作树形结构的认知（图2-16）[10]。亚历山大认为城市要素间无法明确分类，并且不同层级的要素并不是彼此独立的，而是存在着多重关系。他运用数学的集合方法，将城市空间涉及的要素分成不同的子集，通过这些子集间交叠、累加的关系组成城市空间系统。

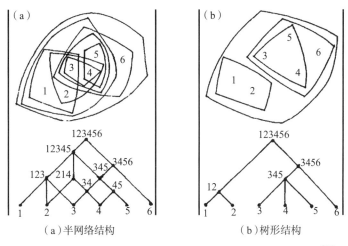

图2-16 亚历山大运用集合方法绘制的半网络结构与树形结构[10]

亚历山大的城市半网络结构，使得城市空间研究从简化视角转向了复杂性、系统性视角，强调了城市空间要素的分类、分层、推理与分析，但只停留在形式层面，并未涉及要素内部的关系分析与作用机制。

尼克斯·塞灵格勒斯（Nikos Salingaros）基于分形学与城市动态演化的研究方法，于1998年提出了"城市网络模型"理论（urban web theory）与"连通的城市"（connecting the city）概念（图2-17）。他将城市空间要素作为城市网络的节点与模块，认为城市空间要素是通过路径相互连接的（图2-18），这些要素间的相互关系决定了城市空间形态与结构。他的城市网络结构模型具有层次分明、多元化分解和相互依存等图层化特征。与亚历山大不同的是，塞灵格勒斯认为连贯的城市系统不会被完全分解到单个要素，在系统内的层次中有许多不等值的分解[98]。

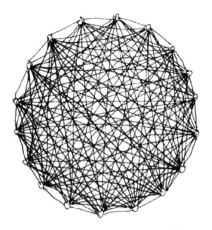  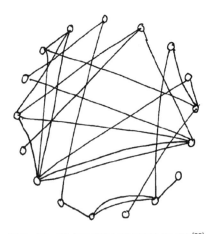

图2-17　城市网络结构模型[98]　　　图2-18　节点要素通过连接形成网络[98]

20世纪60年代，康泽恩学派（Conzen）基于要素分类的思想，构建了城市形态学理论，将城市空间要素进行抽象划分，提出将城镇平面分为街道、街道系统和地块街区、地块格局和建筑布局3个层级的要素。其研究方法是通过对城镇大量的历史地图、平面结构及建筑实体地图进行综合叠加分析，得出城镇的历史演进过程与空间作用机制，再进行城镇形态规划（图2-19）[99-100]。

1974年，约翰·科拉尔斯（John Kolars）提出的空间维度理论认为城市要素可以被划分为点、线、区3个层，分别对应着要素形态的点、线、面3

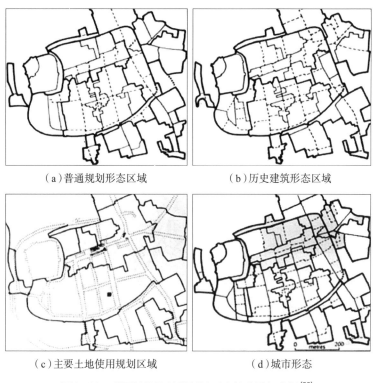

（a）普通规划形态区域　　　　　　　　（b）历史建筑形态区域

（c）主要土地使用规划区域　　　　　　　（d）城市形态

图2-19　英国拉德洛镇的城镇形态综合叠加分析[99]

个层级。城市空间是通过这3个层的相互联系、作用、叠加而产生关系的，而空间扩展到体量的层级，还应叠加上高度层，即空间维度（图2-20）[101]。

克里尔兄弟的城市空间观对城市重建运动产生了重大影响，他们基于类型学与形态学的思想，对每个类型所呈现出的不同城市形态进行分类分层对比分析。其中，里昂·克里尔（Leon Krier）在欧洲城市重建实践中，将构成城市空间的各个要素进行分层及图解研究，并分层绘制了项目的设计过程。他在佛罗里达州的新罗斯伦社区规划项目中，主张将该社区规划分为机动车交通、主要街道与广场空间、公共建筑实体、社区与街区布局4个图层，并且整体上从时间维度分为近期重建、中期重建与远期重建3个层级，不仅从城市立体空间角度进行分层研究，还考虑了时间维度上的分层规划实施（图2-21）[102]。

第二章　城市设计中的图层思想溯源与发展

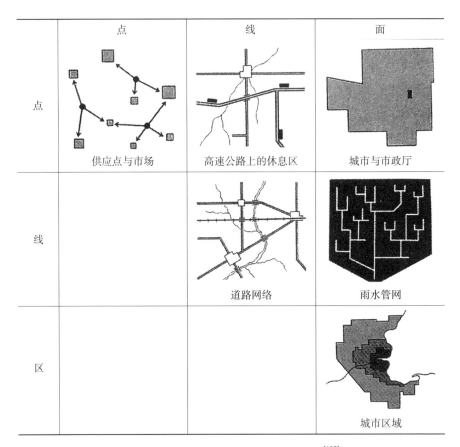

图2-20 约翰·科拉尔斯的空间维度理论[103]

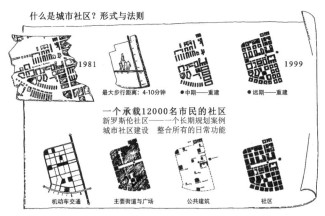

图2-21 里昂·克里尔担任设计顾问的佛罗里达州新罗斯伦社区规划要素图解[103]

在城市空间结构分层思想研究中，主要分为3个研究方向，都形成了相应的较为完善的理论与思想。一是基于数学思维的城市结构分层理论，二是基于类型学思维的城市形态学研究，三是城市空间维度以及城市空间分层的研究。

### 2.城市空间结构分层理论

奥斯瓦尔德·昂格尔斯基于类型学思想，1997年提出了"分层城市"（the city as layer）的概念，是城市设计图层思想中最完善的一种理论。昂格尔斯认为城市空间是一个开放性的系统，具有多个子系统，每个子系统都是由图层组成的，其内部每一层级的要素都有内在的逻辑和作用机制。城市设计则是通过图层整合城市整体空间与环境。昂格尔斯认为城市是由一系列的"层"（layer）叠合而成，图层之间可能无关，也可能相互关联，每个图层可以被分离出来单独编辑，然后进行透明的叠加[13]。城市设计可以运用这些"层"来将城市复杂系统进行逐一结构并叠加。这种分解与叠加操作是研究方法的核心。城市可以分为基础设施、道路交通、水体、建筑等层，这种研究方法使得城市设计更趋向于理性。

昂格尔斯用8个地块城市设计案例对"分层城市"概念进行了实践。他针对每个方案筛选出较为重要的3-5个图层进行研究与叠加，由于每个方案需要解决的突出问题都不一样，所以每个方案的图层都不相同。以Enroforum街区改造为例。该项目面临3个问题，一是用地功能的改变，二是地块尺度的重新划分，三是基地内部有一条规划的高速道路穿过，破坏了整体的城市肌理。昂格尔斯将该项目的规划分为地块功能、规划的城市网格与横穿基地的高速道路3个图层（图2-22～图2-24），最后将上述图层进行综合叠加，形成相应的规划方案（图2-25）。

2001年，布伦达·希尔（Brenda Scheer）构建了一个城市形态的时空模型，按照城市形态要素的发展历程进行分类，分为场地、上部结构、内容物、建筑物和物体5个图层（图2-26）[104]。每个图层的变化速度与影响其变化的要素数量成反比，其中位于上部的图层，涉及的影响因素越多、

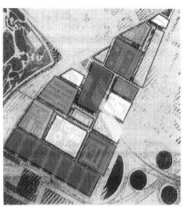

图2-22　地块功能图层[13]

图2-23　城市网格图层[13]

图2-24　高速道路图层[13]

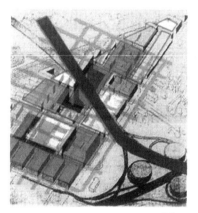

图2-25　各个图层叠加成果[13]

图层结构越微观，越容易产生变化，而位于下部的图层因其影响因素较少，结构尺度较大，所以不易受到影响，结构较为稳定。

1985年，哈米德·胥瓦尼（Hamid Shirvani）提出了城市设计8要素——土地使用、建筑形式与体量、流动与停车、人行步道、开放空间、标志、保存维护和活动支持[105]。这个要素分类方式是基于与图层思想同源的要素分类思维，其分类方式与内容在城市设计领域被普遍应用。

与"分层城市"理论相类似的是21世纪初我国学者提出的整合观的城市设计思想。如卢济威于2004年在论文《论城市设计整合机制》中认为城

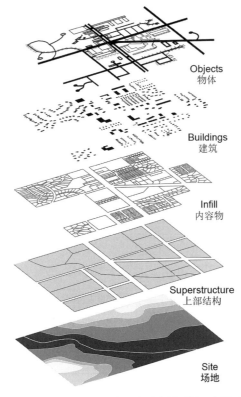

Objects
物体

Buildings
建筑

Infill
内容物

Superstructure
上部结构

Site
场地

图2-26　布伦达·希尔城市形态时空模型的5个图层[104]

市设计应分层次进行空间要素整合、实体要素整合和区域整合，将城市设计分为空间使用、交通空间、公共空间、空间景观、自然和历史资源空间5个体系[106]；王一（2005）将其分为土地使用、城市公共空间、城市交通和城市景观4个体系，以体系化的思维方式看待城市形态和空间环境[107]；陈天（2007）综合生态观与整合观提出了"整合性城市设计"的概念[43]。

　　从上述的理论介绍中可以看出，城市设计中城市分层理论的研究较为丰富，并且成熟，最主要的理论为昂格尔斯的"分层城市"理论。这些理论从不同的角度探讨了城市图层系统的内容、构建路径、研究方法与系统内部特征、作用机制等，对城市图层系统研究体系的构建起到了指引作用。

## （二）城市空间及要素图解

城市空间及要素的图解化研究，主要分为运用图解思想构建相关的城市设计程序解构化模型、将图解方法作为城市设计中要素表达的一门语言两个方面。其中图解模型本质上是一种空间结构分层解构、再重组的思想，图解作为城市设计的一门语言则体现了城市空间要素的图示化表达思想。

### 1.图解作为一种模型

20世纪90年代，国外开始了城市设计程序解构化研究，提出了许多图解城市设计的操作及研究方法。图解方法在这一时期主要用于理解、梳理与表达城市空间要素之间的关系，关系图解定义了网络城市和关系城市，以此构建当今的城市空间[108]。

1985年，建筑评论家斯坦·艾伦（Stan Allen）提出了建筑与环境关系的"场域"（field）理论，以此替代传统的"文脉"一词。他认为"场域"并不能直接指导提出城市或建筑设计模型，以此形成一个系统的理论，而只是一个概念或者状态，"场"的水平层面可以无限延伸，容纳更多的空间可能性，是一种加厚的表面，叠置加厚，水平分层（图2-27）[109]。场域是一种类城市性的操作模型[110]。

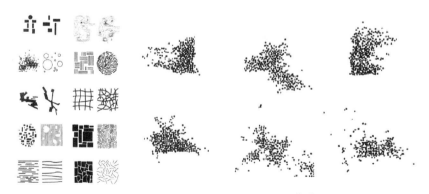

图2-27　斯坦·艾伦的场域条件图解[110]

"理解环境的图解"是一种图示化、符号化的解构表达方法，强调场所与场所的图层叠加。他将时区分布图、飞机航线图、地铁图、高速运输图、广告、股市等城市要素进行符号化、图示化，进而拼贴叠加到同一图片中[111]。通过这些，许多城市要素是同时存在的，但并不具备可比性，理解环境的图解可以将其并置在一起，共同呈现于图层之上。后期，斯坦·艾伦提出运用图解、地图、乐谱、剧本等手段，预测用地内的建筑随时间而发生的变化，并将其编辑成用户使用指南，是其图解理论的一种延伸模型。

20世纪80年代起，巨构图解的概念开始产生。巨构是图解中的基础矢量，这些巨构要素构成了城市的基础设施，城市被设定为一个"插接系统"（plug-in system）模型，而它自身也是图解化的[112]。雷姆·库哈斯（Rem Koolhaas）和OMA的城市项目转向一种新的建筑模型作为数据形式[113]。OMA的城市设计图解模型与概念包括口头语言和视觉图解，为进一步的设计阶段提供信息[114]。

英国Chora建筑与都市设计事务所提出了一套图解"城市行为"（behavior of city）的方法，旨在隔离出每个城市行为的变化过程，并将现实的城市信息进行一定程度的抽象，呈现在图解上，通过提取、选择、隔离和绘制城市信息的技术来生成图解（图2-28）[115-116]。这种基本过程隔离的一个重要方面就是运用图解，以达到一定程度的抽象。Chora的图解是运动情境建模或模拟的工具。

2010年，布莱恩·麦克格拉斯提出"将城市设计理论与城市空间信息绘制、3D建模以及数字模拟等技术结合起来，用于理解城市设计中城市空间的演变与发展"的概念与框架。他指出基于遥感信息、地图术（mapping）、城市模型和通信等新的技术，有助于创建城市更复杂的图解[117]。他认为智能城市（smart city）本身就是一个互动图解的结构，而不是静态的绘图工具，例如传统的测绘图、土地使用和建筑街区图等，图解应该允许新的工具实时跟踪城市中无形的社会和生态过程。麦克格拉斯的这些设想和设

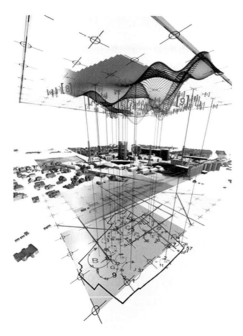

图2-28 Chora建筑与都市设计事务所设计的嘉士伯城市孵化器的抽象图解[115]

计城市系统的新图解思想现在正是我们最迫切需要的时候，因为快速城市化和快速气候变化都要求以新的方式设计城市空间，使得城市既包含各种复杂的空间信息，又可以作为象征着景观的自然生态系统[118]。

图解作为一种理论和模型，为处理大型项目和复杂的决策过程提供了理论依据以及操作借鉴。城市图层与场域一样，其范围是可以无限延伸的。城市图层之间的关联与形式，比图层或要素本身更加重要，正是这种内在的关联与形式才构成了城市图层系统。图解模型的抽象化特征，也是城市图层所具有的，通过对城市设计中城市空间的抽象化、解构化，再重组以形成相应的图层系统。城市图层系统与图解模型一样，可以运用数字技术、建模方法等。

**2.图解作为一种语言**

除了程序解构化研究，"图解"还被认为是城市设计过程的重要组成部分，是"对象和主题之间的中介"，是研究和可视化人、交通、货物、天气和施工过程的媒介[119]，这说明图解还包含城市设计内容及要素的图示化表达研究。体系结构中的图解表示思想过程的可视化，以及以绘图形式翻译的概念或想法的选择性抽象。图解作为一种语言可以定义为"解释而不是表示的图形设计"[120]。当今，图解是建筑师和城市规划师用于解构和表达自己设计思想的一种语言。

金广君提出的图解城市设计思想是基于语言学和符号学的思维方式，将城市设计的内容以图示语言的形式进行表达，并编著了《图解城市设计》（1991）一书，将城市设计的概念、范围与特征、起源与理论、元素与原则、过程与成果、开发与管理、景观与空间以及实际城市设计案例的设计过程与城市设计导则运用图示化语言方式进行表达，包含了许多城市设计基础研究的图解[121]。图2-29为运用图解语言来表达城市设计缘起中城市的演变过程的示意图。

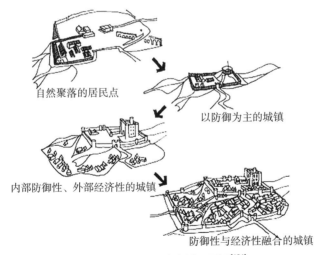

自然聚落的居民点

以防御为主的城镇

内部防御性、外部经济性的城镇

防御性与经济性融合的城镇

**图2-29 城市的演变过程图解**[121]

城市设计图解模型还可分为口头语言图解（verbal diagram）和视觉图解（visual diagram）两种表达形式。其中视觉图解就是传统城市设计图解中的运用图形语言来进行表达，而口头语言图解则是将文字、市民使用的口语以及一些标识文字等都融入图面中，进行图解表达，与文丘里的拉斯维加斯广告牌地类似（图2-30）[115]。

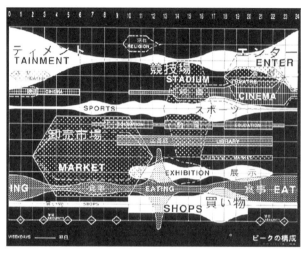

图2-30　横滨总平面口头语言图解[115]

城市设计中最常见的图解语言就是城市设计分析图与城市设计导则中的图则。城市设计的分析图是表达设计师规划意图的主要语言形式，其在城市设计中起到了组织的作用，通过解释一个城市要素的设计思维，描述它的条件及与其他要素间的关系，来阐述其设计内容。

城市设计导则中的图则部分运用图层化思维，将城市设计中的要素进行分类、分层导控和共同叠加，即城市设计中最常见的图层思想复合应用的成果。城市设计导则中的图则编制首先要确定导控的城市设计要素，并将其进行分类（图2-31）。然后制定城市设计导控内容，以及导控强度，最后按照不同的尺度将上述内容转化成图示化语言，结合其他文字或表格的描述，形成相应的图则。通过城市设计图则中对城市设计要素的控制，将设计过程、设计思维与设计内容转译为图示化管理语言，用于阐述规划设计条件，使得城市设计更好地融入上层规划之中，加强上层规划实施的可操作性，成为城市设计建设与管理的依据。

城市设计导则中的图则运用图示语言、文字语言、数字表格等多种模式的语言综合阐述该地块城市设计要素的导控内容，其中以图示语言为

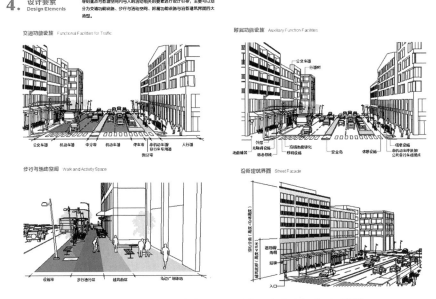

图2-31　上海市街道城市设计导则中要素分类部分图则[122]

主。图则中的图示化语言多为城市设计分析图、示意图、效果图、模式图结合部分实景照片。

　　图解可以很好地帮助城市设计师阐明城市结构、表达个人观点，以及与他人分享设计方案。从城市规划的角度来看，图解既可以作为分析工具，又可以作为设计思想的生成表达，是调查和揭示的媒介，是城市设计思想与理论发展的基础。

## （三）城市物质空间理论中的图层思想脉络

　　物质空间视角下的图层思想及理论的发展主要分为空间结构分层化的思想与理论，以及要素图解化的思想及理论。从早期的对于城市空间结构进行分层级的探讨与研究，到较为成熟的"分层城市"等理论方法，可以看出目前图层思想在城市物质空间形态和结构的研究中发展深远（图2-32）。

| 年份 | 理论 | 说明 | 分类 |
|---|---|---|---|
| 1965年 | 克里斯托弗·亚历山大的"城市并非树形"理论 | 城市半网络结构—城市结构分层思想 | 城市结构分层理论 |
| 20世纪60年代 | 康泽恩学派的城市形态学理论 | 将城镇平面分为街道、街道系统和地块街区、地块格局和建筑布局3个层级的平面格局要素 | |
| 1974年 | 约翰·科拉尔斯《区位、文化与环境研究》的空间维度理论 | 将城市空间信息分为点、线、面、高度4个层级 | |
| 1986年 | 里昂·克里尔的城市空间观 | 将城市空间结构的各个要素进行分层图解 | |
| 1998年 | 尼克斯·塞灵格勒斯的"城市网络模型"理论 | 提出城市空间要素是通过路径相互连接的城市网络模型 | |
| 1985年 | 哈米德·胥瓦尼《城市设计程序》的城市设计8要素 | 将城市设计要素分为土地使用、建筑形式与体量、流动与停车、人行步道、开放空间、标志、保存维护和活动支持 | 分层理论 |
| 1986年 | 罗杰·特兰西克的城市设计理论的升维逻辑分析 | 认为城市设计3大理论"二维的图底关系理论、三维的连接理论和多维的场所理论"之间存在着层递、升维的逻辑 | |
| 1997年 | 奥斯瓦尔德·昂格尔斯《辩证城市》的分层城市理论 | 提出"分层城市"的概念及其作用机制,认为城市是由一系列的"层"叠合组成的 | |
| 2001年 | 布伦达·希尔The Anatomy of Sprawl的"城市形态时空模型" | 提出城市形态5层级:场地、上部结构、内容物、建筑、物体 | |
| 2004年 | 卢济威《论城市设计整合机制》的"分层次进行空间要素整合" | 将城市设计分为空间使用、交通设计、公共空间、空间景观、自然和历史资源空间5个体系 | |
| 21世纪初期 | 王一、陈天等中国学者的城市设计观 | 提出"体系化的城市设计"和"整合性城市设计"的概念 | |
| 1985年 | 斯坦·艾伦的"场域"理论 | 提出"场域"概念,反映城市的复杂性与动态性,强调事物间的形式,而非事物本身的形式 | 分层图解理论 |
| 1998年 | 斯坦·艾伦《评价城市》的图解城市设计理论 | 提出城市设计图解思想及操作过程:分解—图示化—叠加 | |
| 20世纪80年代 | 巨构图解与城市"插接系统"模型 | 强调图解成为作用因素的矢量 | |
| 1998年 | OMA的城市设计图解 | 包括口头语言和视觉图解 | |
| 2002年 | Chora建筑与都市设计事务所提出的"城市行为"图解方法 | 将城市行为进行分层抽象化图解操作:提取—选择—隔离—绘制 | |
| 2010年 | 麦克格拉斯的"城市互动图解"结构 | 结合数字化技术构建智慧城市的互动图解结构 | |
| 1991年 | 金广君的图解城市设计 | 提出将城市设计的内容以图说的形式呈现出来 | 要素图示化表达 |
| 1998年 | OMA的口头语言城市设计图解 | 将文字、市民使用的口语以及一些标识文字等融入图解表达中 | |
| 20世纪末期 | 城市设计导则 | 将城市设计中的要素进行分类、分别导控、共同叠加 | |

**图2-32　城市物质空间理论的图层思想概述**

图片来源:作者自绘

　　在城市空间结构分层化的思想研究中,有3条主要的发展脉络,首先是对城市结构进行分层研究,以及对城市复杂性结构的分层解构研究;其次是基于类型学思维的城市形态学研究,对城市的空间形态进行分层级、分要素的研究;最后是对城市空间维度与城市空间结构的分层分析与研究，结合具体案例运用图解的方式来进行图层表达。

城市空间结构的图层思想中有许多较为成熟的理论研究，最重要的即昂格尔斯基于类型学思想提出的"分层城市"理论。该理论明确地提出了"图层"的概念，探讨了"分层城市"思想与方法对城市设计的认知思维方式，以及图层内部与图层间的作用机制等，并且将其应用于城市设计实践之中，通过实体项目来强化该思想理论的可操作性。希尔的"城市形态时空模型"也是基于图层思想提出的城市空间结构模型，并深入研究了该结构的内部特征和作用机制。

城市设计程序解构化的图解方法与要素图示化表达的图解方法，都是城市设计中图层思想应用的重要技术方法。其中城市设计程序解构化的图解方法在城市设计中的应用，主要是构建了许多城市图解模型，这些城市图解模型的构建思路、要素内容、技术方法都是值得城市图层系统借鉴的方面。此外，斯坦·艾伦提出的"场域"理论，与城市图层理论类似，都具有相近的特征，强调要素或图层之间的形式，而非其本身的形式。

城市设计要素图示化表达的图解方法贯穿了城市设计的始终，是设计师常用的一种专业性语言表达方法。图解作为城市设计中的一种语言，是城市图层系统在图层与要素表达过程中主要应用的技术方法。

依据国外的城市设计理论，我国也提出了与图层思想相关的城市设计整合理念，注重空间体系的划分。与图层思想不同的是，整合理念更侧重于"体系化"而非"图层化"，研究还停留在概念层面，并未细化。物质空间视角下的图层思想及理论的发展逐渐成熟并趋于理性化，然而缺乏对非物质空间要素的思考。

## 四、城市抽象空间理论中的图层思想

## （一）心理认知

### 1.凯文·林奇的群体意象及认知地图

1960年，凯文·林奇在《城市意象》中首次将心理学引入城市空间的研究中，通过调研、采访要求市民绘制出记忆印象中的城市空间结构草图，随后将这些草图进行整理与分析，运用不同的符号来表达草图中共有的要素，以此提出了城市意象5要素——路径、边缘、地区、节点和地标。林奇运用"相互联系"的方式来呈现城市的基本要素，并将要素符号化地呈现在图纸上[123]。每个人的城市意象地图各不相同，具有强烈的个性化，但总体上又具有一定的共性与关联，这些共性与关联就是城市中市民的群体意象。一般来说，不同人绘制的城市意象地图整体结构与轮廓相差不大，但是节点上会存在一定的区别。

城市意象理论中的"城市认知地图"（cognitive map）是基于受访者的描述来绘制的，所以城市认知地图在比例和形态上大多是变形的，但该地图却能清晰地表达出城市的拓扑关系。城市认知地图是分图层进行表达，而后叠加到一起的。例如，波士顿的城市认知地图的绘制，就是先分别绘制了波士顿的线描图层（包含大型街区边界、主要道路、城市轮廓等线性要素）和主要景观空间图层（包括中央公园、广场、河流空间、荒地等点状和面状要素）等，然后叠加形成波士顿的城市空间结构图层与城市意象问题图层。

### 2.不同的心理认知地图图层思考

基于林奇的城市认知地图，诸多学者开始了认知地图的研究。1971年，诺伯格·舒尔茨（Norberg Schulz）将空间从广义上划分为5个层次——实用空间、知觉空间、存在空间、认知空间、抽象空间[124]，舒尔茨随后以"人的存在"来解释城市的空间环境，提出了空间的结构化模式，将空间图示分为中心、场所、方向、路径、区域等图层[125]。1978年，高里奇（Golledge R.G.）运用认知地图的研究方法和"点—面"理论，提出居民与城市空间的感知程度是分阶段深入的，应分为形成联接、邻里关系以及秩序建立3个层级[126]。

1989年，赵冰提出了"场域"理论，将城市空间分为环境、情景和意境3个层级，每个层级都是双向互通且关联的。赵冰强调人类在不同地域、不同阶段产生的文化和认知差异[127]。1995年，朱文一在其博士论文《空间·符号·城市：一种城市设计理论》中认为城市空间是符号空间的一种表现形式，将城市空间解构成6类符号空间——游牧空间（指郊野公园等）、领域空间（指城市的"院"空间）、路径空间（指城市大街等）、街道空间（指城市街道等）、广场空间（指城市广场等）、理想空间（指城市公园等），以此来理解、建构以"空间知觉"和"人类文化"为主体的城市空间（图2-33）[42]。

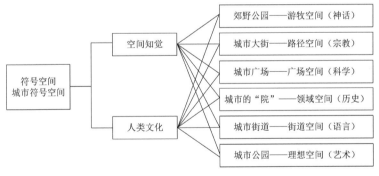

图2-33　朱文一的符号空间[42]

2009年，里德·尤因（Reid Ewing）提出城市认知的5个层级——意象性、围合度、人性尺度、透明度及复杂性，并给出了每个层级的定量数据标准，即"黄金标准"（gold standard）[128]。

除了认知地图，20世纪30年代，《区域勘测导言》（*An Introduction to Regional Surveying*）中的制图联系表包括线路、视点、全景、调查和视野图层。这个联系表是一个由复杂关系构成的系统，表达了图示化语言与环境心理学是如何建立联系的，图示中的要素都是相互联系的，改变图示中的任意一个要素，都会对其他要素及整个系统产生改变[129]。阿摩斯·拉普卜特（Amos Rapopot）在1982年基于空间环境意义，提出了"心智地图"（mental map）的概念，认为心智地图是社会文化、活动交往、文脉含义等象征性信息的心理转换的符号化。其将小尺度活动环境分为核心层以及外围的次主题层，以此分层结构建构了环境信息图示，相较于认知地图更为主观[130]。

19世纪中期，哲学和人文社会科学的思想逐步渗入城市规划的空间研究领域，城市规划学者对于城市空间的认知产生出不同的观念，基于城市意象理论提出的认知地图，衍生出心智地图等不同的地图及图层。

## （二）社会空间

随着后现代主义哲学的发展，受到语言学、符号学以及人文社会学的影响，许多学者开始以结构主义的思维方式对城市进行思考。

### 1.列斐伏尔的社会空间理论与生活空间图绘

1971年，社会学家亨利·列斐伏尔（Henri Lefebvre）提出了"社会空间"理论，强调社会空间与社会生产的辩证统一性。他认为空间是一种社会关系，当时社会的城市化过程也是空间生产所导致的。由于当时生产方式的转变导致新的空间产生，所以当时资本主义财产关系也形成了一个新形态的、抽象的社会空间。这个抽象的社会空间是城市学者应该关注的。在当时那个共时性和并置性的时代，城市社会图绘成了一种新的认知方法及地图[131]。

列斐伏尔从符号学角度构建了社会空间的三元辩证组合，即能指——空间时间（可被感知的各种实体空间形态）；所指——空间表述（构想的空间）；意指——表述空间（日常生活空间），是一种层层关联且叠置的空间模式。

列斐伏尔将不同尺度的人的日常生活轨迹绘制成地图，认为除了空间和时间外，人的日常生活形态也是城市空间模式和社会空间生产的重要要素[132]。列斐伏尔的生活空间图绘强调"此时此地"的"真实生活"，他认为日常生活中每一个物体都有自己的踪迹，都可以制成生活空间图绘，以此找寻与发现其内在的规律，以及其在空间所对应的位置、关系与作用机制。

### 2. 社会分层与社会空间认知地图

20世纪末期，社会学家提出了"社会分层"（Social Stratification）的概念，用以阐述人类和人类活动的城市社会结构中，不同的群体间及其社会活动、生活模式等方面存在着分层的特征，这种分层的特征具有明显的纵向结构趋势。

1984年，约翰·肖特将人的行为作为影响城市空间形态的重要图层，进行时间和空间上的分解，提出时空活动（space-time activity）概念，并且以空间地理位置作为平面的二维底图，时间作为三维的纵向轴线，将其日常生活中所在的空间位置与时间节点相对应，形成一个立体的时空活动图解，以此阐述市民日常生活活动与时间、城市空间之间的关系（图2-34）[133]。约翰·肖特还提出了自己的社区社会分层图解，将社区的社会空间结构分为家庭状况层、种族状况层和经济状况层，将这些图层叠加在城市的物质空间之上，即得到社会空间结构分布图（图2-35）。

063

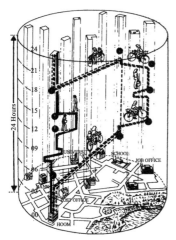

图2-34 约翰·肖特的"时空活动"图解[103]

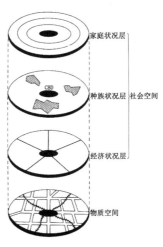

图2-35 约翰·肖特的社会空间结构示意[103]

第二章 城市设计中的图层思想溯源与发展

1984年，弗雷德里克·詹姆逊（Fredric Jameson）引用"认知地图"来描述城市的社会空间。他将mapping技术方法用于研究城市社会要素与城市地理空间信息的对应关系，对城市的社会空间进行新的认知。他认为这种社会空间的认知地图具有无限的可能，可以再现城市中无法呈现的各种结构。詹姆逊的社会空间认知地图是基于后现代主义社会学对林奇的理论进行了补充，将人群的意识形态作为一个图层，与城市地理空间信息和定位相互叠加[134]。

基于城市认知地图和心智地图的研究，克劳克斯（A. Crooks）于2016年提出了"城市信息切片"的概念，将人对城市空间的感知过程分为城市物理空间层（L1、L2）、社会及感知空间层（L3、L4）等层级，进一步对更为抽象的城市片段进行感知，形成抽象空间感知层（N1、N2），从而将这些图层聚集成一个系统（图2-36）[135]。

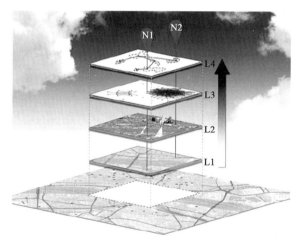

图2-36 "城市信息切片"概念结构[135]

杜普·加布里埃尔（Dupuy Gabriel）提出了"城市网络模型"。该网络系统被分为3个图层，即一级网络——技术网络，用于提供基础设施服务；二级网络——功能网络，体现城市的社会生产、消费、分配等属性的网络；三级网络——人的网络（图2-37）。每个层级的网络都是为上一

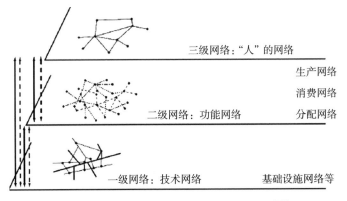

图2-37　杜普·加布里埃尔的城市网络模型[136]

个层级网络服务的，并且上一层级的网络都是由下一层级网络抽象化所得出的。这个网络系统是一种从物质空间图层转化成社会空间和人的图层的过程[136]。

　　从列斐伏尔的社会空间理论开始，社会学家就开始了社会空间图绘、社会分层结构等方面的研究。这种社会空间的分层思想为城市图层系统的研究提供了社会方面的图层内容。同样，社会空间图绘以及将各种社会关系落于城市物质空间中的图解模型等，为城市图层系统的研究提供了图层表达的方法。

## （三）历史文脉

　　城市空间并非静止的东西，而是一个有生命力的、延续性的概念，舒尔茨曾经说过"建筑使人们拥有了空间和时间的立足点"。不同时期的城市肌理及空间形态能够表达出当时社会的意识形态，20世纪中后期，设计师开始注重城市空间在时间维度上的叠加与延续，强调历史及文脉的重要性，将不同时期的城市空间作为图层，提出了许多时间维度叠加的理论。

　　19世纪中期，荷兰空间规划部认为荷兰的城市空间规划需要分为不同的时间阶段，同时要注重长时段（longue durée）规划的研究。费尔南·布罗代尔（Fernand Braudel）将时段分为长时段、中时段、短时段，其中影响城市发展的是长时段的积累，所以城市的空间规划中需要考虑到长时段的研究[137]。长时段的空间规划，应该首先将其内部时间分为不同的图层，然后叠加至城市空间之上，建立起时间图层和"时空"研究[138]。

1979年，阿尔多·罗西（Aldo Rossi）提出了类型学地图的研究方法，用于呈现物质空间中建筑要素的特征[139]。随后，他运用该思想对城市的文脉进行类比研究，以历史时间为类比架构，提出了"类比城市"（analogous city）理论，将城市不同时期的平面图及图解都绘制出来，累积叠加出城市文脉和历史价值，认为"城市中部分过往的历史，现在仍然被人们所体验着"。罗西认为是这些场所、纪念物等不易被察觉的要素构成了城市，应该重新重视并且强调这些要素的价值，将空间图层在时间维度上进行纵向叠加，可以得出多维度的城市设计方案[140]。罗西对于历史文脉的思考，其核心思想是将建筑设计作品作为原有城市肌理的一部分，并非像当代建筑设计那样成为原有城市肌理的入侵者，也不是历史建筑的复制品。他对于城市空间的研究都是基于对城市历史发展阶段的梳理之上的，例如图2-38的维也纳城市肌理研究中，将维也纳城市空间发展分为不同的阶段，并在整个肌理地图的右上角绘制了空间发展结构图。

同样以研究历史为理论核心的还有柯林·罗的"拼贴城市"（collage city）理论，运用图底法分析城市的肌理和拼贴性，将城市不同时期的代表建筑和区域进行拼接。与其他理论所不同的是，拼贴城市理论强调不同时期城市空间图层的"共存"，而非"叠加"[142]。柯林·罗在认为应该脱离建筑和空间的历史背景来看待其特征与形式，但这并不是说要将建筑与空间从历史意义和文化脉络中抽离出来，而是基于空间的透明性特征，将建筑与空间的部分特征与形式从历史时期的社会形态、科学水平、人类生活习惯等影响中隔离出来，单独而纯粹地进行分析[81]。

20世纪末期，社会学家及地理学家多琳·梅西（Doreen Massey）提出了历史层累理论（historical layer）[143]，从社会学角度强调城市与区域的发展需要在原有的城市结构上一层一层地叠加，虽然对城市空间的应用未多

右上角的mapping图解平面反映了城市发展的不同阶段。1. 1683年的维也
纳城；2. 18和19世纪初期的老城区，位于1703年所建城墙之内；3. 环形
区域；4. 1860年时的城区；5. 19世纪末和20世纪初发展起来的城区

**图2-38 阿尔多·罗西的维也纳城市肌理平面图[141]**

提及，但为后续历史视角的城市研究提供了理论基础。近期，波兰学者
Mikołaj Łyskowski运用历史层累方法将波兰克拉科夫市老城区根据不同时
期划分成不同的历史图层，进行分析和叠加设计[144]。

我国对于城市历史文脉的研究较为丰富，王树声（2018）基于吴良镛
的"城市文化发展规划"和钱学森的"山水城市"理论，提出了具有中国
特色的"文地系统规划"概念，研究城市的历史文脉空间结构，他将城市
的历史文脉用地分为物质空间和精神文化2个图层，构建中国的山水人文
空间格局[145]。

不同时期的城市肌理及空间形态能够表达出当时社会的意识形态。
虽然，城市设计者在不同时期的城市图层思考后，大多没有采取固定的方

法记录城市历史，但对于历史时间要素的分析、梳理及叠加本身就是一种重要的思想。

## （四）城市抽象空间理论中的图层思想脉络

城市图层系统是一个自组织系统，具有"自下而上"生长的属性，同时由于城市设计具有政策引导的功能，所以城市图层系统兼具"自上而下"干预的属性。"自下而上"的路径需要考虑从城市设计中最微观的视角，即以"人"为单位，以人类的行为活动和心理感知等要素为基础，向上升级考虑至中宏观城市物质空间、社会空间和历史文化空间层面。"自上而下"的路径是基于宏观的国家和地方政府提出的相应规划政策，以此落实到城市空间的建设之中，提炼出相应的城市图层和要素。

首先，从上述论述中可以看出，相较于社会空间和历史文脉的研究，图层思想在心理认知方面的研究中，影响更为深远（图2-39），基于凯文·林奇的城市意象理论和认知地图研究，形成了较为成熟的认知地图研究方向。不同的学者也提出了各自的心理认知图层，用于探讨非物质空间要素对城市设计的影响。

其次，基于社会学理论的发展，社会学家提出了相应的社会空间理论、社会空间图绘、社会结构分层等思想。同时城市规划师运用认知地图、mapping等方法对社会空间进行研究，将许多隐性的社会要素进行空间再现，提出了多种多样的城市社会空间图层及要素（组）。

最后，城市设计学者试图将不同时期的城市空间图层基于时间维度进行叠加，提出了一些理论和方法设想，虽然没有形成完善的研究不同时期城市空间图层的理论方法，但城市设计学者对于历史图层的分析、梳理和叠加本身就是图层思想的一种体现。然而，图层思想在城市抽象空间的研究中，并未形成系统的城市设计理论和方法，尤其是我国仍属于探索时期。不同地域的社会文化各不相同，除了文化共性外，还应基于地方的独特性选择具有针对性的抽象空间要素和图层。

| 1960年 | 凯文·林奇的城市意象理论及认知地图 | → | 将心理学引入城市空间，并将其转化为认知地图 | 心理认知空间 |
| 1971年 | 诺伯格·舒尔茨的存在空间论和空间结构化 | → | 1. 将空间从广义上分为5个层次<br>2. 将空间进行结构分层 | |
| 1978年 | 高里奇的认知地图 | → | 将居民与城市空间的感知程度分为形成联接、邻里关系以及秩序建立3个层级 | |
| 1982年 | 阿摩斯·拉波波特的心智地图 | → | 将人的心理认知分为社会文化、活动交往、文脉含义等象征性信息的心理转换 | |
| 1982年 | 赵冰的场域理论 | → | 将城市空间分为环境、情景和意境3个层级，强调人类文化的时空差异 | |
| 1995年 | 朱文一的符号空间理论 | → | 1. 将城市空间解构成6类符号空间<br>2. 研究内容为"城市、空间、人" | |
| 2009年 | 里德·尤因和苏珊·汉迪的城市认知黄金标准 | → | 提出城市认知的5个层级 | |
| 1971年 | 列斐伏尔的社会空间理论 | → | 结合社会学，提出城市社会空间图绘 | 城市社会空间 |
| 1984年 | 约翰·肖特的人类时空活动和社会空间结构概念 | → | 1. 将人的行为活动在时空维度进行图解<br>2. 将社会空间进行分层 | |
| 1984年 | 弗雷德里克·詹姆逊的社会认知地图 | → | 提出人群的意识形态图层 | |
| 2008年 | 杜普·加布里埃尔的城市网络模型 | → | 将城市分为技术网络、功能网络和人的网络 | |
| 2016年 | 克劳克斯的城市切片理论 | → | 将城市空间感知进行分层，分为城市物理空间层、社会空间及感知空间层、抽象空间感知层 | |
| 1949年 | 荷兰空间规划部提出长时段规划研究 | → | 强调规划的长时段性，并且应该建立时间图层和"时空"研究 | 城市历史文脉 |
| 1978年 | 柯林·罗的拼贴城市理论 | → | 强调不同时期城市空间的共存 | |
| 1966年 | 阿尔多·罗西的类型学地图及类比城市理论 | → | 将城市不同时期的平面图及图层进行累加，强调文脉场所及纪念物 | |
| 2000年 | 多琳梅西的历史层累理论 | → | 提出城市结构基于时间发展将不同时期的空间图层进行一层一层的叠加 | |
| 2018年 | 王树声的文地系统规划概念 | → | 从物质空间和精神文化两个图层对历史文脉空间进行研究，构建山水人文空间格局 | |

**图2-39 城市抽象空间理论的图层思想概述**

图片来源：作者自绘

第三章

城市图层系统的
认知与辨识

　　城市设计是一门结合了诸多研究思想的学科，融合了不同认知观对于城市和城市空间的思考，其中哲学、科学与学理认知观对城市设计的影响较深。梳理上述认知观中对于城市设计以及城市图层思想的指导，可以为城市图层系统的构建起到基石作用。基于上述认知观对城市图层的指导与影响，建立城市设计中的城市图层系统的思维认知体系，用以指导城市图层系统的构建。

## 一、哲学认知下的城市图层辨识

### （一）现象学下的图层思维

　　"现象学"（phenomenology）是一门研究外观、表象、表面迹象或现象的学科[146]。通过对现象学思想的梳理，可以发现现象学理论沿着两个方向进行发展，一个是向上研究的，直达人的意识与精神，代表哲学家为埃德蒙德·胡塞尔（Edmund Husserl）和马丁·海德格尔（Martin Heidegger）；另一个是向下研究的，关注人的身体感受与世界感官，代表哲学家为莫里斯·梅洛—庞蒂（Maurice Mcrleau Ponty）。

#### 1.胡塞尔的现象学方法

　　20世纪初期，德国哲学家埃德蒙德·胡塞尔认为数学思想和其他自然科学思想对世界的认知，是为真实的世界盖上了一件外衣，认为应该建立能涵盖并且指导科学的绝对严格"科学"的哲学，因此，他提出了一种新的哲学思想和方法——现象学，用于揭示真实的世界，使事物和世界回归其本质的状态[147]。

　　胡塞尔认为"本源"，即"事物本身"，意味着一切的开端。他把先验的"生活世界"（Lebenswelt）作为事物的本质、时空的本源。在他的现象学观点中"空间"是根植于"生活世界"而形成的空间表象[148]。胡塞尔的

"回到事物本身"(to the things themselves)这一方法的基本思想是"还原"（reduction），包括"现象学还原"（phenomenological reduction）和"先验还原"（transcendental reduction）。现象学还原是将"存在"的现象还原到人们生活的经验的世界中的过程。先验还原是一个过程，指从现象世界的"自我"之中还原到"先验的主体"，从而将客观环境转化为"情境"，再被提炼成为"意境"而得出具体的经验，归入"先验范畴"（transcendental sphere）[149]。现象学方法是用于研究事物是如何显现在人的意识之中的，所以当我们运用现象学方法对现象进行研究时，所有的现象已经存在于我们的意识之中，并且与我们共同存在[150]。胡塞尔的"还原"思想与城市图层的认知观较为相似，都是从现象溯源到事物本质。

**2.海德格尔的存在主义现象学**

作为胡塞尔的学生及同事，马丁·海德格尔沿袭胡塞尔提出的现象学方法——本质还原法，创立了以"存在"（sein）为核心概念的基础本体论（fundamental ontology），即"存在主义"现象学（existentialist phenomenology）。"存在"这一含义早被古希腊哲学家巴门尼德（Parmenides）定义为事物的普遍本质，即构成世界万物的本源，"存在"不是产生出来的，也不会消亡。海德格尔在其著作《筑居思》（*Bauen Wohnen Denken*，英译*Poetry*，*Language*，*Thought*）中认为存在者处于具体的空间、时间和事物所组成的具体环境中，并与该环境进行交互[151]。海德格尔认为建筑本质是"存在于大地上的定居（dwelling）"，为建筑现象学领域奠定了理论基础[152]。

后期海德格尔开始基于语言学和诗学的视角来研究他提出的存在主义，在其著作《存在与时间》（*Sein und zeit*，英译*Being and time*，1926）中提出了"此在"的概念（dasein），特指"存在着的人"[153]，是"主体的存在"，建构了"此在存在论"（Dasein theory）[154]。"此在"是对事物本身的存在进行发问的生命体，"此在"经历着"存在"，但需要从事物自身来证明自己的存在。因为"存在"本身不能就其自身而得到探究，所以只有通过"此在"才能显现"存在"的意义。

同时，海德格尔对于"物"（das ding，英译the thing）的本质的思考更能说明"此在"的意义，他认为"物"的本质在于"聚集、容纳、倒空"（gathering-holding-outpouring）。随后，"此在"也在建筑规划的应用中得到了思考，海德格尔认为建筑（building）的本质是"存在于大地上的定居"（dwelling on the earth），由于人的定居才有建筑的存在。

### 3.梅洛—庞蒂的知觉现象学

法国哲学家莫里斯·梅洛—庞蒂认为现象学是"揭示世界的秘密和理性的秘密"[155]，他将他的博士论文编著成书籍《知觉现象学》（*Phenomelogie de la perception*），将知觉感官作为存在的第一要素，创立了知觉现象学，发展了胡塞尔的现象学思想，引发了哲学界对"知觉"和"体验"的思考[156]。"知觉"是将人的身体和大脑作为媒介，来感知与"体验"世界。梅洛—庞蒂认为"知觉"是知识体系最基础的组成部分，优先于科学。这种认知世界的方法是一种"客观思维"，是科学研究的常用方法[157]。以"知觉"作为认识的起点进一步深化了现象学方法，使"直接面对事物本身"以寻找事物本质的愿景更加具有可操作性[158]。梅洛—庞蒂强调的是运用"知觉"进行认知的过程本身和认知的瞬间，而非认知的步骤[159]。梅洛—庞蒂的思想进一步明确了现象学的认知观和世界观。

### 4.建筑现象学

基于现象学的"还原"方法，胡塞尔将空间分为"意识空间""客观空间""直观空间"和"几何空间"四种空间[160]。"意识空间"也称"现象空间"，是先于"客观空间"存在的，是基于人们的空间意识而存在的。胡塞尔的"几何空间"是排除个别的"直观空间"事实，还原到纯粹的几何学的空间本质上来。海德格尔对建筑现象学的影响主要体现在运用现象学方法研究人的存在与世界、建筑、空间之间的联系[161]。海德格尔认为建筑不仅应有表现不同材质的功能，也应揭示世界存在的不同形式与情境。梅洛—庞蒂的知觉现象学主张将身体感受和意识作为主体，这一思想被引入建筑学的思考中，引导建筑师们思考建筑中人的感受、知觉和行为，开启了建筑与人之间的本质联系的研究，使得建筑设计更加注重建筑中人的感受。

随着现象学思想被引入建筑学领域中，逐渐形成了以存在主义现象学和知觉现象学为基础的两个研究方向的建筑现象学学科（图3-1）。

**图3-1　建筑现象学思想发展束状图**

图片来源：作者自绘

1971年，诺伯格·舒尔茨提出了"存在空间"（existential space），认为空间是以人的存在而受限的，位置空间性构成的前提条件是人的处境的空间性[162]。随后，舒尔茨创立了以"场所精神"为核心的建筑场所现象学[163]。大卫·西蒙从人文地理视角来思考人与城市、建筑、景观之间的本质关系，运用现象学方法探讨人类在"生活世界"中的意义[164]。凯文·林奇的城市意象是从市民的心理感受和认知角度描绘并组合成城市的整体意象，是一种非数理逻辑的研究方法，与建筑现象学的思想相通[165]。

斯蒂文·霍尔早期的"锚固"（anchoring）思想认为建筑应该通过其与所在场所中的时间和空间产生的关系，而将建筑锚固在场所之中[166]。霍尔受到梅洛—庞蒂的处境性空间思想的影响，提出位于空间中的人应始终与建筑及场地相互影响、作用，这一联系是无法分割和忽视的，论述了人的身体知觉、体验与建筑的关系，并且将他对知觉现象学的思考实践于他的建筑作品之中[167]。芬兰建筑师尤哈尼·帕拉斯马研究的是建筑知觉现象学，继承了"以身体为中心"的思想[168]，提出除了一直主导建筑设计的视觉感受外，还应强调触觉、听觉、肌肤感受、味觉、嗅觉和心理感受这6种身体知觉对建筑的影响[169]。

建筑现象学的兴起是对19世纪建筑学主流价值观——"功能主义"的一个冲击，强调对于"真"的追求，而非传统建筑设计中对于功能和美学的追求。建筑应该在现象学的思想引导下，被设计成一个使用者日常生活生存的空间之物。建筑现象学将最本质的"日常生活世界"提到了重要的高度，摒弃了传统建筑设计的科学视角，从哲学角度通过建筑使用者的意识，将建筑设计的重点聚焦在人们日常在建筑空间及城市空间中生活的最直接的感受与体验。

### 5.现象学与城市图层系统

空间是需要通过周围的世界来认知并揭示的。现象学基于空间的"本质"和"真"的视角，指导了城市空间在本体论与方法论层面的研究。建立城市设计中的城市图层系统的意图就是探索城市设计的本质，寻找影响城市设计的本真要素。只有了解了城市设计的本质，才能更加系统和精准地对城市空间进行塑造和优化。

现象学研究的既不是单纯的主体，也不是单纯的客体，而是主体投射到客体这一意向活动的整体过程，以及主体和客体之间的相互关系和其所构成的世界，也可称之为系统或环境。城市图层系统也是由各种关系和要素、图层构成的一个整体环境，这些内部的关系是动态且受到多个要素或图层的多重影响的。系统中的许多关系是显性可见的，可以被定量分析的，还有部分关系是隐性不可见的，或者说是不可量化，只能定性研究的。目前城市设计的科学定量研究方法无法支撑所有的城市图层系统中存在的复杂内部关系的研究，需要运用现象学的思考与研究方式，强调关系在系统中的定位，并将每个关系的发生与投射看作一个整体过程，与要素和图层进行协同研究。

胡塞尔的"意识空间""客观空间""直观空间"和"几何空间"等4类

空间、海德格尔的"物性空间"和梅洛—庞蒂的"身体空间"，都可以转译成为城市设计中的某些图层，应用于城市空间或建筑设计之中，从而完善整个城市图层系统。

柯林·罗和弗雷德·科特（Robert Slutzky）基于对现象学的研究，在分析了诸多的城市空间案例后，认为城市空间具有物性与透明性[170]。不同于传统城市规划和建筑设计中所强调的具有可见性的物质空间，现象学的空间往往是隐性的，存在于空间内使用者或物的意识或知觉之中。在城市设计中，城市图层系统应充分考虑现象学思想体系中的隐性空间和空间意义。城市设计的城市图层系统需要借鉴现象学的观点与研究方法，考虑城市空间的意义与使用者对于空间的感知和意识等要素。

### （二）符号学与语言学下的图层思维

#### 1.符号学

符号学兴起于20世纪初，其思想主要源于欧洲符号学派创始人费尔迪南·德·索绪尔（Ferdinand de Saussure）和美国语言学家查尔斯·皮尔斯（Charles Peirce）。

索绪尔提出了"语言符号学"理论，其核心概念为"signifié"（所指）和"significant"（能指）[171]。"所指"是指符号的概念和意义，"能指"则是指符号所呈现的形式（图3-2）。符号本身的概念和意义先于其形式[172]。

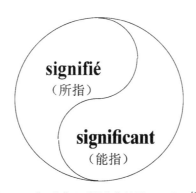

图3-2　"所指"和"能指"的关系示意图[172]

索绪尔认为符号首先应该具有社会性，是人在社会中交往的一种媒介；其次应该具有不变性和可变性，不变性是指整体的符号系统应该具有稳定性，不具有任意性，而单一的符号本身应具有一定的可变性及弹性，可以随着社会的发展或相关学科的引入，表达不同的意义和概念。

皮尔斯以逻辑学与现象学为理论基础，构建了实用主义符号学理论体系[173]。皮尔斯强调符号被解释的过程，符号只有被解释才具有意义，他认为每个符号都应该由"symbol"（符号）、"object"（对象）和"interpretant"（解释项）三者共同构成，是一种动态的"三位一体"系统[174]。如图3-3所示，"对象"是已存在的实体或者虚拟物体，是"符号"的直接意义；"符号"可以是某个实体或者是印记、标记等；"解释项"是指符号在人们心里所产生的认知，这使得"符号"与"对象"之间多了一个因解释者或接受者不同而产生的主观影响，皮尔斯认为"任何事物只要能被解释为符号，那它本身也是一个符号"[175]。皮尔斯根据符号的三位一体关系，将符号进行逻辑、科学的分类，如表3-1所示[176]。

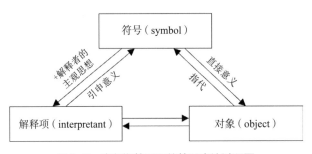

图3-3　皮尔斯符号观的符号表达过程图

图片来源：作者自绘

除了索绪尔和皮尔斯外，德国哲学家恩斯特·卡西尔（Ernst Cassirer）的符号观被后人称为文化主义符号学，从城市和建筑的历史文化角度，对建筑及城市规划中的符号学发展有着较深的影响。符号是一种表达形式，重要的是符号背后的意义与价值，而非符号本身，这种认知观为文丘里等人的建筑符号学研究提供了思想基础[177]。卡西尔还提出了符号功能在人

| 存在状态<br>符号三要素 | 状态 | 实体 | 法则 |
|---|---|---|---|
| 符号 | qualisign<br>性质符号、性态符号 | sisign<br>单一符号 | legisign<br>法则符号 |
| 对象 | icon<br>图像符号 | index<br>指示符号 | symbol<br>象征符号 |
| 解释项 | rheme<br>直觉式符号 | dicent 或 dicisign<br>实证式符号 | argument<br>辩论式符号 |

类文化中所具有的特点，工具性、多元化、意义化、功能化和中介化等。随后，苏珊·朗格（Susanne Langer）提出"艺术是人类情感符号形式的创造"，创建了符号美学和文艺符号学理论，为后期的"建筑符号学"思想奠定了理论基础[178]。

### 2. 语言学中的共时性与历时性

建筑设计和城市规划方面应用最多的语言学思想即索绪尔提出的语言的"synchronic"（共时性）和"diachronic"（历时性）的特征。索绪尔认为任何学科的研究都应先明确研究对象在时间和空间中所处的位置，语言在时空中所处的位置，具有共时性和历时性两个特点。共时性是指某一横向时间切片上的语言要素及对象，呈现的是要素或者多个要素在这一瞬时的静态状态；历时性是以时间为轴线，指某一纵向时间延伸线上的语言要素及对象，呈现的是单一要素随时间变化的演变。共时性和历时性这两个维度之间存在着交叉和对立。如图3-4所示，横轴线，即同时轴线（AB）表示在同一时间切片上存在的某一个或多个事物间的关系，在这类研究中需要排除时间要素的影响；纵轴线，即连续轴线（CD）表示某个单一事物随着时间发展的演变，CD轴线上一次只能对某个单一事物进行研究[171]。

1745年，杰曼·博弗兰德（Germain Boffrand）在著作《论建筑篇》（*Livre d'architecture*）中提出"建筑语言"，他认为"房屋的部件之于一座

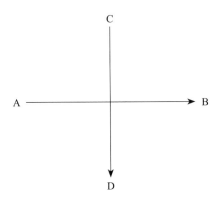

**图3-4 共时性与历时性轴线**[176]

图片来源：参考文献176

建筑，如同单词之于语言"[179]。塞札·戴利（Saiza Daley）和彼得·柯林斯
（Peter Collins）认为"建筑是一种语言"[180-181]，将语言学的思想和观念引
入建筑学之中。"建筑语言学"的研究可以分为两个方向。首先是后现代
主义建筑师对于建筑符号和建筑范式的研究，主要是基于建筑的共时性特
征。其次是塞札·戴利等人认为建筑的演变与发展与语言的演变过程相近，
对于建筑风格和历时性的研究应借鉴语言的历时性思维。

**3.建筑符号学研究**

符号学在建筑设计及城市设计中有两个层面的应用，一是微观层面的
将建筑和城市空间中的组成要素视为符号，并运用符号来表达空间设计，
是微观层面的建筑符号学研究；二是运用符号学的思维和研究方法来构建
相应的建筑结构体系和城市空间模型，对建筑和城市空间进行认知。

20世纪中期，安伯托·艾柯（Umberto Eco）认为建筑中所有的要素
都是符号。1966年，罗伯特·文丘里在著作《建筑的复杂性与矛盾性》
（*Complexity and contradiction in architecture*）中认为符号是城市空间的重
要组成元素，对建筑中符号的表达与变化进行了部分说明，同时以后现
代主义的隐喻和反讽风格阐述了文化符号在建筑符号中的重要性[182]。他
的建筑符号学思想是将符号作为建筑和城市空间表达的一部分。彼得·埃

森曼（Peter Eisenman）的"建筑语言"主张将建筑要素理解为一种新型的语言和符号模式，并在他的建筑设计作品中运用各种模式的符号要素构建相应的建筑空间。2008年，尹国均在《符号帝国》一书中，运用符号学理论，将部分中国古代宫廷建筑及民间建筑的形制进行模式化、符号化[183]。

同一时期，许多建筑学家和城市设计师引入符号学思维来表达相应的建筑发展体系或城市空间模式研究。杰弗里·勃罗德彭特（Geoffrey Broadbent）将建筑语言和符号理论进行整理，并一一对应地建立了二者间的关系，属于实用主义符号学研究[179]。1981年，艾伦·科洪（Alan Colquhoun）从语言学和符号学的演变方式及研究观点分析并梳理了现代建筑发展的思想体系[184]。1986年，马克·戈特迪纳（Mark Gottdiene）和亚历山大·拉戈波洛斯（Alexander Lagopoulos）提出了多个基于符号学研究方法的城市模型[185]。1995年，朱文一提出了"符号空间"的概念，认为城市空间是符号空间的一种表现形式，将城市空间解构成6类符号空间——游牧、领域、路径、街道、广场、理想空间，以此来理解、建构以"空间知觉"和"人类文化"为主体的城市空间[42]。1996年，阿摩斯·拉普卜特（Amos Rapoport）运用符号学的研究方法，基于空间环境意义，将人们对社会文化、活动交往、文脉含义等象征性信息的心理感受进行符号化表达，构建了城市心智地图研究模型[130]。随后，他基于语言学和符号学的思维模式提出了"人—环境研究"的环境空间模型，是一种非言语表达方式[186]。

### 4.符号学、语言学与城市图层系统

符号学、语言学的思维和研究方法主要应用于城市图层系统研究的体系构建方法、城市图层及要素内容、城市图层系统的表达与呈现方式3个层面。

第一，城市图层系统的体系构建层面。语言学思想主张从两个或者多个维度来对一个体系或系统进行认知。在城市设计中，存在于同一时间切片上的要素或图层，或者同一集体意识感觉到的同时存在的要素或图层

之间的关系即一种共时关系[187]。某一要素或图层的存在具有随着时间的发展而变化的特征，那么该要素或图层中这种随着时间变化一个替代一个、相互连续的关系即一种历时关系。城市图层系统内即存在多个要素或图层间的共时关系，也存在单一要素或图层内的历时关系，应从这两个维度甚至更多维度进行研究。

皮尔斯的"解释项"强调了符号使用者或者解释者主观上对符号产生的个体化的心理认知。这一行为在城市设计中多是设计师和空间使用者所主导的。城市图层系统中，人为主观性主要存在于两个方面，一是在城市图层和要素的选取和抽象化过程中，不可避免地会融入设计师和空间使用者的主观感受；二是除了客观城市空间的研究外，也要考虑使用者对城市空间产生的主观心理认知（图3-5）。

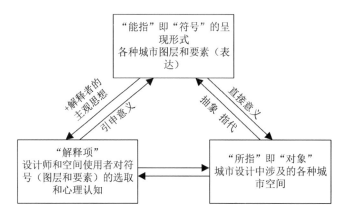

图3-5 基于索绪尔与皮尔斯的符号观初步构建的城市图层系统三位一体体系

图片来源：作者自绘

第二，城市图层系统的图层及要素层面。运用符号学的认知方法可以更好地突出城市设计中隐性的非物质空间的地位。首先卡西尔主张以"符号形式"来描述各类文化，强调神话、语言、艺术、宗教、历史、科学6类文化符号在人类文化意义中的重要地位[188]，以及人的活动方式在人文文化中的作用[189]。所以，在城市设计的城市图层系统中，应强调市民活动图层和各类文化图层。例如目前已有的城市宗教地图研究等，这些文化都应转译成相应的城市图层和内容，基于文化不同对城市空间影响程度的差异，在城市设计中应基于不同的地域、主导文化特征等，有针对性地选择不同的文化图层。

建筑和城市的历史与语言史相似，并非后一阶段彻底覆盖前一阶段的历程，而是每个阶段都有遗存，不同阶段的遗存共同存在，才塑造出当下我们所认知的建筑与城市空间。城市设计应对每一阶段的遗存都进行研究，使其具有时间延续性。城市图层系统也应对城市各类空间图层不同阶段的历史进行研究，并注重该空间或图层要素不同时期的延续关系，从历时性角度进行思考。

第三，城市图层系统的表达与呈现方式层面。符号学可以帮我们更好地理解城市空间及其抽象出来的要素和图层的意义，理解它是如何产生、如何变化、增强或消减的[190]。城市设计是一门以图示语言为主进行表达的学科。符号是城市要素的最简化表达方式，城市图层系统的表达是基于符号化的能力，将城市空间中的各个要素符号化地转译，呈现在图层相关的表达方式之中，便于进一步的分析和研究。

符号还具有一定的美学价值，所以在城市图层系统符号表达的过程中，应注意图示化语言或符号语言的美学价值。

## 二、科学认知下的城市图层辨识

### （一）地理学下的图层思维

#### 1. 地理学与相关学科

地理学（geography）是研究地球表层地理环境的构造和分布，地理事件的发生、发展和变化规律的科学，同时研究人类、社会与地球之间的关系的学科[191]。地理学是社会科学与自然科学的交叉学科，主要包含古代地理学、近代地理学和现代地理学3个研究阶段。

目前应用于城市规划及设计中的以现代地理学的研究方法和相关理

论为主，以近代地理学中的描述性研究为辅。20世纪60年代起，由于科学技术的发展，开启了现代地理学的研究，主要分为计算机地理制图、地理信息系统以及理论地理学（人文、自然地理学）等。

地理学将城市信息可视化，在城市规划中主要应用于城市体系研究、国土空间研究、大数据城市信息系统研究、城市地理空间描述等方向。其中计算机制图、地理信息系统与人文地理学这些研究方向与城市规划密切相关。

测绘学（topography）是地理学研究中起到重要技术支持作用的学科，也是对现代城市规划发展影响较大的学科。测绘学是用于测定和推算地面几何位置、地球形状及地球重力场，据此对地球表现的自然形态、人工物体等的分布和空间状态进行测量，进而绘制出相应的地图[192]。

### 2. 人文地理学中的城市设计思想

人地关系论（theory of man-land relationship）是对城市规划影响较深的理论。人地关系论是一种地域性或区域性的研究，研究人类与地理环境间的关系。1822年，德国地理学家卡尔·李特尔（Carl Ritter）首次探讨了自然地理与人文现象之间的关系，并认为自然是人类活动的根本原因。白吕纳（Jean Brunhes）阐述了如何运用地理学方法体系研究人类的日常生活和环境之间的关系（图3-6）[193]。随后，人文地理学研究趋于多元化发展，其中生态环境观、直觉主义观和时空观是对城市规划及景观设计影响较深的3种观念。

首先是基于生态环境观对人类活动与地理学关系的研究。1906年，奥托·施吕特尔（Otto Schluter）提出了"文化景观"（cultural landscape）的概念。他基于景观视角看待地理学，认为原始景观转变为文化景观的过程是人文地理学研究的重要方向，即"景观地理学"[18]。德国地理学家西格弗里德·帕萨尔格（Siegfried Passarge）在1904年运用地理学的量化研究方法对景观及气候的关系进行研究，将科学研究方法引入大尺度的景观研究中。他于21世纪初提出"文化地理学应该重点研究人类及其生活活动在创造文化景观或人工景观中的影响"，同时提出了"城市景观"的概念，将城市规划与景观设计和地理学思想与方法结合起来[21]。

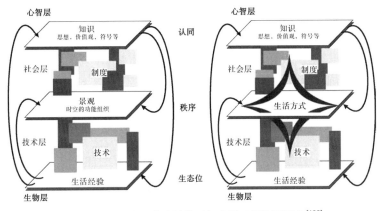

图3-6　地理学研究方法体系与人类日常生活形态[193]

1962年，蕾切尔·卡森（Rachel Carson）撰写的《寂静的春天》（*Silent Spring*）描述了由于科技的发展导致当时生态环境的破坏，使得人们开始重视生态环境问题，推动了现代环境保护运动的发展[194]。随后，地理学家开启了基于生态环境保护观念的相关研究，主张以和谐论来分析人与环境的关系。同时，基于计算机信息技术与系统论思想，景观学家、生态学家及地理学家开始运用计算机模型来描述和计算地理现象与人类社会活动产生的现象之间的关系，主要应用于城市地理学中。

现代人文地理学的一个重要研究方向是将地理学与现象学相结合对环境与人类的关系进行研究。20世纪60年代，简·雅各布斯（Jane Jacobs）在对城市中的人类活动与环境进行观察后提出了"街道芭蕾"的环境概念，凯文·林奇提出的"城市意象"等思想标志着人与环境研究中的地域精神观点的产生[193]。20世纪70年代，段义孚从人的知觉、心理感受以及社会伦理等角度来解析人与环境的关系。他提出的"系统的人本主义地理学"（systematic humanistic geography）被称为人文地理学的重要思想，其研究的关键词为"地方与空间""场所""人地关系"等，这种对根隐喻的研究，以及对地方感的研究为人文主义在城市规划中的研究提供了新的思想[195]。现象学家大卫·西蒙提出日常环境经验即人类在其生存的地方性地理环境中所有的亲身经历，提出了"身体—主体"的概念，强调人类自身所特有的意向性和地方感，并且运用"身体芭蕾"来描述某一个人的时空地方感，"地方芭蕾"来描述这一地方所有人的时空地方感。西蒙的思想为城市规划师提供了身体维度的空间设计的方法[196]。

现代人文地理学主张人与环境的关系，运用卫星遥感技术、电子计算机技术对各种人类活动的空间信息进行测量与计算，运用高精度的数字化、图示化形式来表达人地关系。随着全球城市化进程的加快以及城市研究的发展，人文地理学的研究重点开始转向城市地理学，广义上包含时间、社会、经济、生态、人口等方面的地理学研究。时间地理学（time-geography）强调在研究人文现象时，除了传统地理学的空间坐标，还应加入人类活动的时间坐标，用以阐述活动现象的时空连续性。目前，时空地理学研究在城市规划及设计中主要应用于对人类出行模式和生活方式时空分布进行分析研究，以此为交通规划和城市空间关系等方面提供研究基础[197]。

### 3. 地理信息系统与城市图层系统

地理信息系统（geographic information system 或 geo-information system，GIS）是20世纪后期，由于测量技术的革新、观察视角的扩展以及信息存储方式的发展而产生的现代地理学中的重要的技术系统。地理信息系统是将计算机科学方法应用于地图学及地理学之中，对与地理相关的数据和图像信息进行采集、存储、管理、运算、分析、显示和描述的技术系统。由此可见，地理信息系统这一学科主要包含技术方法的研究、工具系统和平台软件的开发、信息数据库的搭建、可视化信息的输出以及整体理论与技术研究体系的构建等5个研究方向，为规划、政策提供科学、综合、辅助的研究基础。其对城市设计中的城市图层系统研究主要体现在研究体系的搭建思想、研究方法的应用、实践与操作的技术平台、数据库的提供和信息可视化转译这5个方面（图3-7）。

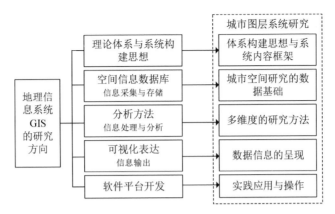

图3-7　地理信息系统对城市图层系统研究的启示

图片来源：作者自绘

　　首先，在整体城市图层系统的研究体系构建思想方面。第一，地理信息系统虽然是一个工具性的技术系统，而非理论方法，但是其整体学科的分支方向和理论体系发展思路在现代城市研究中较为完善，可以被城市图层系统研究所借鉴。第二，地理信息系统作为一种技术系统，其操作路径被划分为不同的数据和信息图层，这一研究思想与城市图层系统的分层级、分要素进行研究的思想相近。第三，城市图层系统的要素和图层的组成内容，可以包含地理信息系统中针对城市空间所采集和呈现的信息图层。

　　其次，在方法论层面。地理信息系统中的空间信息采集与管理、信息分析与研究的功能，被广泛应用于城市规划及城市设计之中。该研究方法可基于横向维度进行分层分析、逐层叠加，也可以按照时间维度进行纵向查询与研究[198]。这种多维度的研究方法正是城市图层系统所需要的。

　　再次，地理信息系统开发的软件平台较多，例如 GvGIS、ArcGIS、Geoconcept 等，这些软件在城市研究中被广泛应用于不同方向，例如数字化城市、智慧城市、城市交通、基地地理地貌信息分析等方面。这些软件平台具有很强的针对性，可以与 GIS 各个数据平台对接信息数据，进行空间分析、图形绘制、空间建模和数据输出等。这些软件平台也为城市图层系统的实践应用提供了良好的操作平台。使用者可以先对城市空间中的单个要素的数据信息及其空间特征进行逐项分析，而后运用软件平台建立多个要素或图层的空间模型，并结合该模型的三维信息对城市空间内的多个要素或图层进行综合性研究，为城市空间规划提供科学依据。

最后，地理信息系统结合大数据方法，构建了许多城市空间信息的数据库，例如"数字城市"和"数字地球"等平台，为城市规划和设计提供基础的城市空间信息，用以作为科学研究的基础。同时，由于地理信息系统具有将数据信息进行可视化表达的功能，可以结合地图，用数字、图像、表格等形式，输出涵盖各个要素全部信息的专项要素分析图等。城市图层系统可以运用该功能对城市设计中的图层与要素进行可视化呈现，既便于城市空间信息的输出，也便于设计师之间的交流以及空间分析。

## （二）地图学下的图层思维

### 1.地图与地图学

地图在早期是人类探索到的世界地理知识的表达形式。在古代几何学出现后，人们开始关心周边地理环境从而绘制简单的区域性的地理几何学的二维图示，于是地图有了"地球表面在平面上的缩写""周围环境的图形化表达""信息传输的工具"和"地理现实世界的表现工具"等概念[199]。随后，地图由具有符号概括功能的图形，逐渐转变为具有多种交流、传输和表达途经的信息载体及技术工具[200]。

地图学是地理学下的二级学科，是以地图研究为主的学科。地理学是对地表环境的客观空间事实的研究，地图学是将所需的空间信息进行有序呈现和表达的研究。地图学的演进历史反映着人类对于环境和世界认知的执着追求，也反映了不同时期人们的价值观和认知观的变化，同时也展示出人类技术水平的发展。现代地图学是以地学信息传输与可视化为基础，研究地图的理论实质、制作技术和使用方法的科学[201-202]。由于计算机数字技术的发展和大数据时代的到来，其与地图学进行结合所形成的地理信息系统、数字地图、地图可视化应用和生态学制图是近年来与城市研究相关的热门研究方向，对城市设计和城市图层系统的构建形成了一定的理论和技术基础。

### 2.地图学与城市图层系统

地图学从城市设计中城市图层系统的系统框架构建思路、城市图层或图层组的内容、城市图层的表达方法和技术3个方面对图层系统的研究起到了理论基础作用。

首先是城市图层系统的整体系统框架构建层面，地图学中的地学信息图谱（geo-information-Tu Pu）和地理信息系统（GIS）等研究，应用了系统分层思维，与城市图层系统的构建思路不谋而合。"地学信息图谱"理论是2000年陈述彭基于地图学图谱的思维方式，结合地理信息系统及图像提出的系统理论，该系统包含多个要素的数据库、模型与图层[203]。地学信息图谱可以通过城市要素的综合分析地图、图像和图表，直观地表达城市要素的特征及时空演变的规律[204]。随后衍生出生态环境信息图谱、景观信息图谱、交通信息图谱等相关研究。地学信息图谱的总体研究框架可以总结为"数据收集—信息系统整理—数学建模—情景分析—指导战略—实施执行"6个步骤，这个研究思路与城市图层系统的研究思路有共通之处，都是基于各个图层的分层级研究，而后综合叠加提出相应的策略用以指导实践实施，其研究路径对城市设计中城市图层系统的框架构建起到了一定的指导作用。同时，地学信息图谱中的各个图层，又被称为模型，也对城市图层系统中的图层（组）起到了借鉴作用。

其次，城市图层系统在进行图层或图层组的内容选择时，地图学主要从两个方面对其产生了影响。一是地图学主要研究地表的自然地理环境的相关信息，这是影响城市设计的重要方面，应作为城市图层系统中的部分图层（组）进行研究，所以城市图层系统应当考虑影响城市设计的各个纵向地球圈层。在地球内部圈层中，地壳圈层是与城市设计联系最紧密的，它是通过地质、地貌、地形、地下资源以及地质灾害等方面影响城市设计的。二是地图学地表信息涵盖的水圈层、生物圈层也是与城市设计紧密相关的部分，都应涵盖到城市图层（组）的内容之中。上述自然地理环境的信息都是地图学的相关研究方向，并均有相应的研究地图。

除了地图学涉及的地表信息，地图学中的一个重要研究方向——主题性地图（thematic map）较为直接地为城市设计提供了相关的城市图层和研究内容。1979年，阿尔多·罗西（Aldo Rossi）提出了类型学地图的研究方法，用以阐述聚落空间结构的特征，是主题性城市地图研究的萌芽。他运用类型学地图方法绘制了一本提挈诺州的住宅地图集，将其按照不同住宅类型、组合方法等叠加其地理信息绘制到不同的地图上，用于研究该区域内的居住及住宅特征[139]。19世纪末期，日本学者苇江（Ashie Y.）等人提出"城市生态地图"的概念。20时期中期，欧洲开始出现生态地图学研究（ecological cartography）[205]，最初主要分为生物、气候地图和植被地图的研究[206-207]。随后，欧洲学者开始将其整合形成较为系统的生态地图（ecological map）。同一时期，德国斯图加特市编制了首部应用于城市规划的《气候图集》（*Klimaatlas*）（1979）[91]，而后欧洲、澳洲、日本以及中国香港等都进行了相应的城市气候图集的编制。这一时期还出现了城市人口分布地图、宗教分布地图、高速公路及道路交通系统地图、城市旅游地图等各种主题性地图。这种主题性地图研究的核心思想是筛选并强调特定的要素组，并且有意识地忽略其他要素的信息，将其绘制在一定比例的城市地理地图上，形成相应的地图或地图组。目前，学者研究的所有的城市主题地图都可以作为城市图层系统中相关图层或图层组的一部分，但应根据每个城市设计研究的不同特征、面对的不同问题等有选择性地筛选相应的图层级主题性城市地图。

最后，城市图层系统在城市设计研究的实施和应用过程中，需要对涉及的图层进行表达与分析，通过相关的技术和载体，将一些要素或图层的部分信息运用图示化的语言呈现出来，用于后续的分析研究。而地图学的本质就是将信息通过符号或图示语言表达出来，从而起到信息传输的功能。所以，城市图层系统中的图层或要素在表达呈现的过程中，可以借鉴地图学的一些技术方法和工具，例如，mapping技术方法、地理信息系统、城市地图等工具。

mapping被解释为"制作地图的行为或过程"和"一对一的连续映射"。可以看出不同于cartography，除了地图本身，mapping还囊括了地图的生成与映射过程，强调了信息的映射和投射，相较于地图学更为主观，因为在mapping的制作过程中绘图者会主观地融入一些自己感受到的隐性空间信息。正是由于mapping的这一特征，所以其不仅可以表现显性的城市要素及图层信息，还可以将一些隐性的信息、要素或图层之间的隐性关系再现于地图之上。

地理信息系统是一种可以直接运用的技术系统，mapping则是一种技术方法，二者都是呈现城市要素或城市图层的技术工具，而最终大部分的要素或图层是以相应的城市地图作为信息载体被呈现出来的。

## (三)分形学下的图层思维

### 1.分形与分形学思想

分形(fractal)源于拉丁语frangere，分形理论是由曼德布罗(B. B. Mandelbrot)于1975年在他的专著《分形：形态、机遇和维数》(Fractal：Form，Chance and Dimension)中提出的[208]，是研究复杂系统的非线性科学的三大理论(混沌理论、分形理论、孤立子理论)之一。分形是用于分维(fracal dimension)描述大自然的几何学，是大自然的一种优化结构。不同学者对于分形给出了不同的定义，分形的基本特征是形状的整体和局部具有统计意义或者严格意义上的自相似性或者标度不变性，即没有尺度或者特征规模，这样的分形体能够最为有效地利用地理空间。除了几何学上的意义，分形学的主要思想是指相应的客观事物基于不同的层次结构，在形态、时间、空间、功能、信息等多个维度上均具有自相似性[209]。

### 2.分形学与城市规划研究

分形学主要用于研究大自然和复杂的巨系统，城市作为最复杂的巨系统，被认为是不同维度的分形体。1991年，巴迪（M. Batty）发表的《作为分形的城市：形态与功能的几何学》（*Fractal Cities：A Geometry of From and Function*），和弗兰克豪（P. Frankhauer）发表的《城市结构的分形性质》（*La Fractalite des Structures Urbaines*）标志着城市研究学者将分形理论引入城市规划研究中[210-211]。

分形城市（fractal cities）是基于分形思想或者借助分形理论进行模拟和建模分析的城市研究[212]。部分学者认为城市具有一定程度的自相似性，城市或城市要素在整体或者局部中，是具有相似形状的，强调了城市或城市要素在不同尺度下分形的自相似性。例如凯叶（Kaye）在《分维漫步》（*Walk through Fractal Dimensions*）中描述的城市中的每一个区域都不是由纯粹的一类用地所构成的，每一个街区（block）或者邻里（neighborhood）都是居住用地、工商业用地、开放空间和空闲用地等多种用地类型的组合，城市在不同尺度层次上都有类似的用地结构，即分形学的自相似性[213]。

最初西方学者应用分形理论进行城市结构和形态方面的研究，我国则是进行城市体系和城市的位序规模分布研究，目前分形城市的研究已经发展到可以对其动态发展过程进行分析。分形城市研究分为3个层次：宏观层次——城乡体系研究，包括城乡体系规模等级、城乡体系数量分布和城乡体系空间联系度等研究。中观层次——城市空间形态研究，针对城市中不同层级的尺度用地形态和结构的自相似性进行研究，分为城市形态集聚性、城市要素复杂性和均衡性等方面的研究。微观层次——建筑和城市空间设计分形研究，以及城市分形维数影响因子研究。

分形学最早的应用是KOCH曲线，经常用于模拟大自然中的不规则线。在分形城市的研究中，主要运用不同的分形维数来描述和量化城市的空间结构，主要研究方法包括半径法和网格法。半径法适用于线性形状的研究，网格法适用于研究面积—周长关系和周长—尺度关系，主要用于研究与城市形态相关的要素[214]。

分形学在城市图层系统的研究中主要应用于两个步骤，一是图层系统框架的搭建过程，二是图层系统的应用过程，例如要素和图层的测算、比较和预估等。针对不同类型的城市设计要素和图层，采用不同的运算方法进行测算和定义。

### 3.分形学与城市图层系统

在城市这个复杂巨系统中进行分层的图层研究，本质上是应用了分形学思想[215-216]。分形学在城市图层系统研究框架的构建过程中主要应用在两个过程：构建城市图层系统框架、筛选城市设计要素及图层过程。

在城市图层系统的构建过程中，分形学思想首先应用于图层系统框架的结构层次之中。维度是分形学中用于描述和定义物体的重要概念，并且分形学中可以以非整数维数进行测算，非整数的维数可以将要素的复杂程度定量化。分形学的维度不仅仅局限于点的零位、线的一维、面的二维和立体的三维，还应用于形态、时间、功能、信息等多个维度的结构中。城市可以进行多维度的分形设计，这与多维度城市图层系统的构建相同。城市图层系统除了物质空间维度外，还包含横向维度上的宏观、中观、微观三个层级，用以覆盖城市设计在不同尺度下的分层特征；时间维度上覆盖从城市选址、建设、使用到修复等多个时间层级，保证城市设计的时效性和完整性；还有信息维度、功能维度、象征维度等多个层级的结构。城市图层系统中的部分图层和要素存在于多个维度和非整数维度之中，可用分形维数进行定量化描述和测算。

除了图层系统框架的结构层次构建外，分形学思想还应用于城市图层及要素的筛选过程中。分形学思想强调系统中各个要素之间的相互关系。分形学思想可以重新重视那些以前被忽视的隐性或潜在的要素，从"隐性"中提取"显性"。由于城市设计中偶然的次要要素与必然的主要要素相互混杂及多重关联性，难以全面地研究系统中的多重关联，需要进行要素筛选，导致要素的筛选具有一定难度，而分形学思想可以把不同的城市要素从复杂的城市系统中隔离出来，放在同一层级的图层中进行比较研究。

## 4. 城市图层及要素的分形研究

除了城市图层系统的研究框架的搭建过程，城市图层系统的应用与研究中也需要分形学研究方法的支撑。分形学的分析方法，例如半径测算法、网格测算法、分形秩序等方法主要应用在城市图层及要素的测算、评价、模拟3个过程中。

分形学适用于针对要素进行不同的空间尺度和时间尺度的量化分析。在测算分析过程中，分形学方法可以针对某一尺度、某一瞬时对要素和图层进行定义，并将不同的要素和图层进行测算比较，也可以将某一要素或图层的不同尺度、不同瞬时状态进行测算比较。同时，分形学算法可以将不同的要素和图层中存在的潜在关系进行量化测算和分析比较，确定其内在关系和相关程度[217-218]。由于后文涉及各个要素的详细研究时，会详细阐述如何运用分形维数等分形学方法进行测算和定义，所以这里不针对公式和计算过多地展开介绍。

一些自然的不规则的线性要素，例如城市发展边界线、海岸线等要素可以运用半径法和圆规维数进行测算和定义[219]，同时可以用网格法中的面积—周长、周长—尺度等分形维数关系来定义边界线等的复杂破碎程度。对于一些城市网络体系，一般采用网格法和盒维数进行测算研究，例如城市道路交通网络图层、城市市政管道设施网络图层、城市铁路要素等。此外，一些大量分岔的复杂水体网络或生态廊道等也可以采用该方法进行研究。分形维数还可以应用于城市土地利用的研究中，探索如何最高效、优化地进行土地使用。

由于城市形态的增长和衰退等要素具有集结现象，所以该类要素可以使用集结维数，即质量维数（mass dimension）进行测算，将城市形态占用的场地数量（人口数量等）N(r)、城市拟半径（城市边缘距市中心的距离)r作为变量，根据质量维数D(r)的定义式进行测算。此外，城市规模分布、城市体系等有规律的动态增长类图层及要素也可以运用质量维数进行测算、定义。同时，运用网格分维测算方法还可以对城市形态或其他城市空间要素在不同空间尺度和时间尺度上的复杂性、均衡性、破碎性、关联性等关系进行研究[214]。

除了要素和图层的测算，分形学方法还可以应用于要素和图层的评价和模拟中。评价分析需要建立要素和图层的定量标准，目前城市研究中主要采用两种分形学算法来进行评估。一是针对某些城市设计要素或某类城市用地的图层，可以通过多个要素或图层的分维值相耦合，采用最大分维值和最小分维值做合理区间，进行评价和定义。二是运用标度理论建立要素和图层的临界指数之间的关系进行评估。前者适用于多个要素或图层的关联研究。

上述研究主要是描述某一时间断面城市要素和图层的静态结构。而分形学在研究动态的要素和图层演化过程中也有着相应的应用，可以建立相应的模拟模型解释城市要素和图层的演化内容。目前常用的分形模型有元胞自动机模型（cellular automata model，简称 CA 模型）等。分形模型可用于选择与城市的空间形态有关的要素和图层[220]。目前分形模拟预估的发展趋势是基于 GIS，将分形模拟模型与城市地理和规划进行融合研究。

## （四）系统学下的图层思维

### 1. 一般系统论

系统思想可以追溯到古希腊时期，亚里士多德于《形而上学》中提出"复杂程度越高的事物，其整体先于部分的特征越为明显"，即整体应大于各部分之和。

1945 年，路德维希·冯·贝塔朗菲（Ludwig von Bertalanffy）提出将生物体看作一个开放系统，随后又提出了一般系统论（general system theory，GST）的概念，并于 1955 年出版著作《一般系统理论：基础、开发及应用》（*General System Theory*：*Foundations*，*Development*，*Applications*），将系统论上升到系统科学的研究层面，并提出了系统是一个有组织的整体（organized whole），具有整体性、开放性和等级性特征[67]。

一般系统论强调整体观念，认为每一个有机体都是一个系统，所有事物不是一个系统，就是一个系统的组成部分。系统内包含多个要素，这些要素之间保持着一定的独立性和关联性，服从系统内的特定约束与规律。

### 2.其他系统论

系统论的产生是对19世纪科学家和哲学家一直主张的还原论思想及方法论的超越。还原论主张将复杂事物之间的关系假定为线性关系，而系统论则强调整体的复杂性和非线性关系。而后期研究学者又对一般系统论的技术性及适用范围产生了质疑，提出了其他系统学相关理论，所以一般系统论又被称为第一代系统论，协同论、耗散结构论、融贯论等被称为第二代系统论，系统动力学及复杂适应系统论等被称为第三代系统论。其中，协同论、融贯论和复杂适应系统论是城市规划及设计研究中应用较多的方法论。

1969年，海尔曼·哈肯（Hermann Haken）提出了协同论（synergetics）理论，是用于研究不同事物的共同特征及其协同机理的方法论。主要用于探索开放系统（open system）中无序事物间的有序规律及特征，以及系统内自组织（self-organization）的演进。目前，协同论被称为"最先进的自组织理论"，在城市规划的城市自组织性研究、城市规划部门管理研究等方面提供了理论基础[221]。

1990年，钱学森提出将还原论与整体论相结合，运用系统论的方法来解决复杂性巨系统的问题，即综合集成方法（meta-synthetics），该理论被称为融贯论[222]。融贯论的综合集成方法对系统进行自上而下和自下而上的结合性研究，可以被看作"1+1＞2"，而整体论方法则是"1+0=1"，还原论方法即为"1+1≤2"。图3-8为钱学森提出的综合集成方法过程图。

1999年，欧阳莹之（Sunny Y. Auyang）对复杂系统的特征及相关科学理论、模型进行了详细的阐述，提出了"综合微观分析"（synthetic micro-analytics）研究框架，将还原论、系统论的概念与方法组合起来[223]。欧阳莹之认为最小的要素组成小组合物，同样组织层次（organizatoinal level）

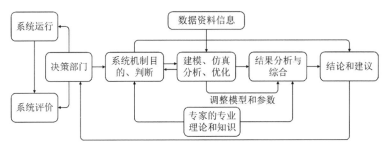

**图 3-8 综合集成方法过程框架** [222]

的小的组合物共同组成更高层次的系统。单一层次（single level）的事物即由该层次的概念进行描述，不同层次（different level）的事物则由不同层次的概念进行描述，因此跨层次（inter-level）之间的联系与单层次内部的关系完全不同。复杂系统的研究重点即这种跨层次理论。

系统演化的动力，本质上源自系统内部。1994年约翰·霍兰（John Holland）提出了复杂适应系统（complex adaptive system），该理论的研究主要是"自下而上"的。复杂适应系统理论主要研究系统内要素间的关系及其相互作用，用以阐述系统的构成模式及演变机制。复杂适应系统理论认为系统内的要素本身就是智能的，可以自我更新的；而系统本身是个"适应性主体"（adaptive agent），会与环境互动从而进行演进，这一将系统作为被动对象的观点与以往的系统论有所不同。霍兰同时提出了复杂适应系统的7个特征——聚集性、标识机制、非线性、流特征、多样性、内部模型机制和积木块机制。

### 3.系统性城市设计研究

20世纪产生了许多城市设计的整体性研究思想及理论，是系统性城市设计研究的前身。1960年，康泽恩学派开启了城市形态学（urban morphology）的研究，分别将城市景观、城市平面格局都作为形态复杂体来看待，认为形态复杂是由基本复杂体所构成的，例如城市平面格局是由街道系统、街区和建筑物的基地平面所组成的，是系统性、复杂性城市空间结构研究的代表性理论。随后怀特汉德（J. Whitehand）延续康泽恩学派的思想，从整体性和复杂性角度来解读城市文脉，用于历史空间和城市整体空间形态的研究[224]。1969年，英国城市规划师布莱恩·麦克洛克林（J. Brain McLoughlin）出版的《城市与区域规划：一种系统的方法》（*Urban and Regional Planning: A Systems Approach*）中从宏观区域规划层面应用了系统论，进行复杂城市区域的系统论研究，提出城市规划的本质是引导式的系统管控。爱德华·培根（Edmund Bacon）强调城市设计的整体性原则，认为一个良好的城市形态需要以城市空间及构成要素之间的紧密关系为基础，来完善整体的空间结构[9]。1987年，亚历山大·卡斯伯特（Alexander R. Cuthbert）以阿姆斯特丹、威尼斯为例，强调保证城市的完整性感觉在城市建设活动中的重要性，并将其列为城市设计的原则之一[225]。可以看出这一时期的系统性城市设计研究理论及思想主要是以城市的空间结构和形态作为研究对象进行探索的。

21世纪，由于系统论的发展以及信息技术的不断更新，国内外学者开始将城市看作一个复杂的巨系统进行研究，对城市系统内所包含的子系统、要素等结构体系提出了不同的思考，并且探讨其系统内部的显性和隐性关系及秩序。我国的系统性城市设计研究从最初强调环境空间的系统性设计，逐渐转变为对城市设计的内在作用机制的探索。20世纪80年代吴良镛将城市看作一个可以为千万人提供生活的复杂有机体，是一个由社会、文化、经济、政治、空间等多个方面构成的复杂系统。钱学森则基于他的系统论、融贯论思想结合控制论理论，提出将有机创造作为城市设计的原则，以及"山水城市"这一将人与自然相结合的概念。卢济威提出的整合性城市设计研究，是将城市设计所涉及的要素分为实体要素、空间要素和区域要素3个子系统进行整合研究[106]。刘春成基于复杂适应系统理论将城市作为一个系统，对其内部的规划子系统、基础设施子系统、产业子系统、基本公共服务子系统之间的隐性关系及内部秩序进行研究[67]。陈天在其博士研究中总结了城市设计的整合性思维，并建立了整合性城市设计的运作机制。

#### 4.系统论与城市图层系统

城市设计中的城市图层系统作为一个复杂的系统，其构建模式及作用机制应遵循系统理论中的思维与方法。首先，城市是一个开放系统，不断与系统外进行能量和信息交换，类似生命体的正常生长与新陈代谢，通过人文社会、科学技术以及环境资源等方面的不断更新与完善；城市系统内部则是在不断变化与演进的，和新陈代谢一样更新旧的、不适宜的内容，从而产生新的内容和组织机制。这些内部的变化都影响着城市的空间结构、形态以及其他社会形态等方面。因此，城市图层系统也需要考虑这些一直持续的演变，而不仅仅是从城市的物质空间以及其他象征空间等方面入手，还应考虑系统内随着时间演进而产生的变化。由于人类的生活是对城市产生最大影响的要素，同时城市的发展变化也影响着人，所以城市图层系统应考虑到这种双向互动与反馈，注重人的社会活动与意识感受，并且将使用者的理解与创作融入城市设计中。

其次，构建城市设计中的城市图层系统应结合系统学的整体性思维、层次性思维和非线性思维等（图3-9）。城市图层系统首要考虑的就是系统内部的整体性，所有的要素和子系统都具有一定的系统内部的规律，以此形成系统内整体性的秩序。系统并非与世隔绝，而是受到外部环境影响的，所以应用整体性的思维来看待城市图层系统内部与外部的信息。同

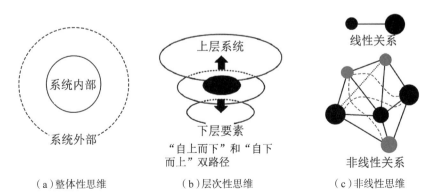

（a）整体性思维　　　　　（b）层次性思维　　　　　（c）非线性思维

**图3-9　城市图层系统构建中的系统性思维**[45]

图片来源：依据参考文献45改绘

时，作为一个系统，其内部逻辑和内容必然会具有一定的层级性，由于城市本身具有自组织性和适应学习性特征，所以城市图层系统的构建应兼顾"自上而下"与"自下而上"两种逻辑路径。城市设计中的要素之间的关系，并非简单的线性关系，而是一种非线性的、复杂的、分层关系，所以对于城市图层系统的构建，应运用非线性思维来组织内部逻辑关系。

最后，城市图层系统中存在的各种内在关系、矛盾和作用机制，与其内部的内容，例如子系统和要素是同等重要的。城市设计的各个子系统统一构成并呈现出城市相应的社会意义、文化意义和经济意义等内涵特征。城市设计的要素之间相互作用、关联形成一个或多个连续体，这些连续体有机共生，共同组合在一起，类似生命体的各个器官，其内部的关系错综复杂，相互交错，难以切割，城市图层系统也是如此。如果对这些连续体或子系统进行简单的划分，或者类似目前城市设计普遍存在的"一刀切"问题，则其无法呈现出原本要表达的意义。同时面对各种城市问题，仅仅通过分解和简化这些系统和问题是毫无作用的。单一地对城市图层系统的子系统进行研究和分析，也难以呈现和阐述该子系统的全貌和所有特征，必须加之各个子系统之间的关系、矛盾及相互作用机制，才能全面描述子系统。

## 三、学理认知下的城市图层辨识

### （一）城乡规划学下的图层思维

#### 1.城乡规划与城市图层系统研究

我国的城乡规划体系经过了3次改革（图3-10），第一次改革的标志是1990年《城市规划法》的颁布，《城市规划法》并未对城市设计做出相应的阐述，而是将控制性详细规划作为城市规划与建筑设计之间的衔接，并且规划范围为城市的建成区与非建成区。1991年颁布的《城市规划编制办法》将城市设计作为城市规划的一种方法，应用于城市规划编制的各个阶

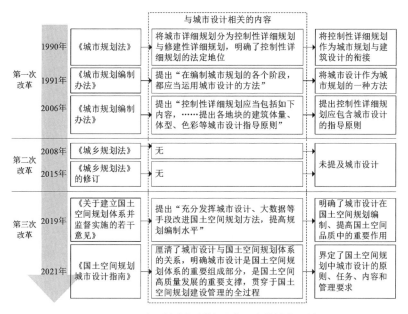

<table>
<tr><th></th><th></th><th></th><th>与城市设计相关的内容</th><th></th></tr>
</table>

| | | | 与城市设计相关的内容 | |
|---|---|---|---|---|
| 第一次改革 | 1990年 | 《城市规划法》 | 将城市详细规划分为控制性详细规划与修建性详细规划，明确了控制性详细规划的法定地位 | 将控制性详细规划作为城市规划与建筑设计的衔接 |
| | 1991年 | 《城市规划编制办法》 | 提出"在编制城市规划的各个阶段，都应当运用城市设计的方法" | 将城市设计作为城市规划的一种方法 |
| | 2006年 | 《城市规划编制办法》 | 提出"控制性详细规划应当包括如下内容，……提出各地块的建筑体量、体型、色彩等城市设计指导原则" | 提出控制性详细规划应包含城市设计的指导原则 |
| 第二次改革 | 2008年 | 《城乡规划法》 | 无 | 未提及城市设计 |
| | 2015年 | 《城乡规划法》的修订 | 无 | |
| 第三次改革 | 2019年 | 《关于建立国土空间规划体系并监督实施的若干意见》 | 提出"充分发挥城市设计、大数据等手段改进国土空间规划方法，提高规划编制水平" | 明确了城市设计在国土空间规划编制、提高国土空间品质中的重要作用 |
| | 2021年 | 《国土空间规划城市设计指南》 | 厘清了城市设计与国土空间规划体系的关系，明确城市设计是国土空间规划体系的重要组成部分，是国土空间高质量发展的重要支撑，贯穿于国土空间规划建设管理的全过程 | 界定了国土空间规划中城市设计的原则、任务、内容和管理要求 |

图3-10　我国城乡规划体系发展中的城市设计

图片来源：作者自绘

段之中，强调了城市设计所涉及的范围。2006年颁布的《城市规划编制办法》提出控制性详细规划中应该包含城市设计的指导原则，明确了控制性详细规划为城市设计上位规划中与其最为贴近的法定规划。第二次改革的标志是2008年《城乡规划法》的颁布，"城市规划转"变为"城乡规划"，强调城市与乡村的结合，然而其中对城市设计并未提及。第三次改革的标志是2019年《关于建立国土空间规划体系并监督实施的若干意见》的出台，自此"城乡规划"转变为"国土空间规划"，将规划的范畴提到了更为宏观的位置，然而国土空间规划体系中对于相对微观的城市设计涉及不多。2021年7月1日起实施的《国土空间规划城市设计指南》系统地厘清了城市设计与国土空间规划体系的关系，明确了城市设计是国土空间规划体系的重要组成部分，并对城市设计做了全过程指导。

传统的城乡规划体系中，与城市设计关系最为密切的是详细规划，城市设计的上位规划为控制性详细规划，同时城市设计还指导着修建性详细规划，所以城市设计中的城市图层系统的研究内容应该涵盖但不仅仅局限于详细规划的导控要素。城市图层系统应该以控制性详细规划的规划思维为基础，对要素与图层进行弹性与刚性的分类与研究。城市图层系统不应仅仅局限于控制性详细规划的二维平面管控和物质空间管控，还应该增加城市的三维立体空间与城市形象、市民活动、社会空间等非物质空间方面的内容。

城市设计应该参与到城乡规划各个层面的规划编制之中，所以城市设计中的城市图层系统也应该服务于整个城乡规划体系。在不同层面、不同阶段的城市设计中，城市图层系统可以起到不同的作用。这反映了图层作为一种研究和分析方法，具有多重的研究作用及工具价值，兼具了分析工具、研究方法、政策支持以及表达形式等作用。

首先城市图层系统作为一种分析工具，可用于描述城市设计中要素的空间信息。也可以运用城市图层对城市空间、资源环境等方面进行空间化、信息化和图示化的分析。

其次，城市图层系统也是一种研究方法，为城市设计项目的前期分析提供更加科学全面的研究方法，也可以应用在城市设计方案的分析和阐述过程中。城市图层系统将城市各个要素和图层之间的关系可视化，为城市设计提供了一种新的认知视角。

再次，城市图层系统可以以城市规划及设计的政策干预为目标进行空间解析，可以间接地指导城市设计的规划过程与政策编制。城市图层的作用结果可以直接作用在城市设计上，在具体的城市设计项目实践中，由于城市图层系统是动态的，可以对时间维度的信息进行阐述，就可以为该项目或政策提供一种"全周期"的指导思路。

最后，城市图层系统研究必然会运用到"图"来研究城市规划、城市设计，所以城市图层系统提供了一个新的城市设计表达方式。城市图层系统的研究对象是各种类型的城市空间，但是不同研究视角及领域中针对每一个要素的认知各不相同，城市图层系统可以提供一个多学科共融的交流与研究平台，将这些不同认知视角下的研究融合在一起。

### 2.国土空间规划体系与城市图层系统研究

《关于建立国土空间规划体系并监督实施的若干意见》提出"充分发挥城市设计、大数据等手段改进国土空间规划方法，提高规划编制水平"，说明城市设计是国土空间规划体系中的重要组成部分。该文件提高了城市设计的地位，明确了城市设计在国土空间规划体系中的作用——"提升国土空间品质"。2018年3月《国务院的机构改革方案》中宣布成立"自然资源部"，是国务院的组成部门，负责国土空间用途管制和生态保护修复方面的事宜。这一举措使得城市规划编制体系由原本的分部门、分区域、各司其职的职责体系，开始进行部门、区域以及内容上整体的整合。融入国土空间规划体系下的城市设计与原来传统的城市设计在编制内容上产生了许多变化（表3-2）。2021年出台的《国土空间规划城市设计指南》规范了国土空间规划编制和管理中城市设计方法的运用，确立了城市设计方法在国土空间规划中运用的原则、任务、内容和管理要求等[226]。当前城市设计的规划编制应该以国土空间规划的分层级、分尺度、全要素、全域为新的编制要求，构建清晰的编制体系，力求对国土空间规划起到支撑作用。

国土空间规划体系下的城市设计与传统城市设计的区别    表3-2

| | 传统城市设计 | 国土空间规划体系下的城市设计 |
|---|---|---|
| 编制尺度 | 城市总体城市设计、分区城市设计、地块城市设计和专项规划城市设计4个横向尺度 | 总体规划（跨区域层面、乡村层面、市县域层面、中心城区层面）、详细规划和专项规划6个横向尺度 |
| 价值导向与内容 | 物质空间的功能与设计美学导向<br>考虑人工建设的城市物质空间要素与内容 | 生态文明导向、整合性规划导向、全域规划导向、全过程规划导向<br>融入自然资源的内容，即城市的自然条件、生态条件、农业与森林管控、建设范围内的地形地貌、山体水体保护等内容 |
| 编制范围 | 城市建成区 | 国土空间内的全区域的城市设计，需要增加城市的农田区、生态保护区、棕地等其他非建设区域 |

表格来源：作者自绘

城市设计中的城市图层系统应该介入城市设计乃至城市发展的全生命周期之中。城市图层系统可以便于城市设计分图层、分要素、分尺度地进行。顺应国土空间规划的城市图层系统需要具有以下几个特征。

第一，国土空间规划体系中的城市设计应该以生态文明建设为核心，强调生态导向的城市设计，城市图层系统与要素应更多地融入生态、文化方面的内容。

第二，国土空间规划体系中的城市设计应该更加多尺度，将原本的"城市总体城市设计、分区城市设计、地块城市设计和专项城市设计"这4个横向尺度，拓展至国土空间规划的总体规划（跨区域层面、乡村层面、市县域层面、中心城区层面）、详细规划和专项规划6个横向尺度，与城市图层系统相衔接的城市设计编制体系应该较原来的编制体系更宏观（图3-11）。

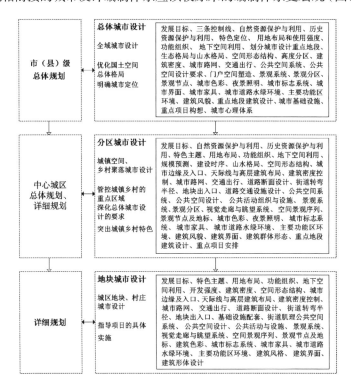

图3-11 不同尺度的城市设计编制内容

图片来源：作者自绘

第三，国土空间规划体系中的城市设计是多要素的城市设计，城市图层系统的内容需要考虑得更加广泛，除了住建的内容外，还需要融入自然资源的内容，即城市的自然条件、生态条件、农业与森林管控、建设范围内的地形地貌、山体水体保护等图层与要素。传统的城市设计编制是基于城市设计的各个人工建设的要素，通过强制性的管控与弹性的导控两种方法来进行编制，其编制范围为城市建成区，而国土空间规划体系中的城市设计则需要从传统的城市建成区扩展为全区域的城市设计，城市图层系统的研究范围需要增加城市的农田区、生态保护区、棕地等其他非建设区域。

目前，我国城市设计并非法定规划，其中的总体城市设计是作为城市总体规划的补充研究或者专题研究出现的，是在总体城市规划之后进行编制的。同样，分区城市设计是在城市分区规划后进行编制的，地块城市设计也是地块内控制性详细规划的城市设计意向或补充篇章。而在国土空间规划的大背景下，城市规划的编制体系应该向法定规划靠拢。运用城市图层系统将城市设计与城市总体规划、控制性详细规划等法定规划相融合，积极争取城市设计法定化的地位。各个尺度的城市设计应该与相应尺度的国土空间规划同期编制（图3-12）。

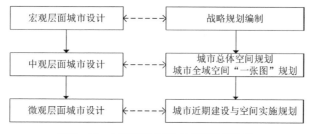

**图3-12　城市设计与国土空间规划体系**

图片来源：作者自绘

### 3.城市设计与城市图层系统研究

城市设计中的城市图层系统的基本单元为城市图层，也是研究主体。城市图层之间以及城市图层与外部环境之间的相互作用与影响，是城市图层系统演进与改变的主要动力，也因此导致了城市图层系统的复杂性。部分城市规划研究学者认为如果将城市空间进行系统化和分层化，则其系统内一定存在随机层，该随机层的主体一般为影响城市空间，但又不属于城市空间内部的随机因素，一般随机层的主体为人类活动。由于城市图层系统是服务于城市设计的，而人类活动亦是城市设计的重要研究内容之一，所以在城市图层系统之中，人类活动是作为一个城市图层或者子系统来进行研究的。并且城市图层系统内部不包含随机层，而是将所有影响城市设计的要素都作为图层来进行研究。

城市图层系统研究是一种城市设计的思想与思维方式，是城市设计中一个研究方向的总体研究体系。其包含了思想理论的研究、技术方法的研究以及实践应用的研究，分别从这3个方面通过城市图层和城市图层系统的方法与工具落实到城市设计的具体应用之中。不同于城市图层系统研究，城市图层系统是一种综合性的城市设计研究理论和方法以及工具性的技术工具系统。

首先，城市图层系统研究是一个理论性的概念，为城市设计提供了新的理论思想。城市图层系统的方法与实践，均是建立在一种统一的价值体系和确定的认识论基础上的，以此来提出相应的城市图层理论。

其次，城市图层系统在城市设计研究中具有一定的工具性作用。城市图层系统是将城市设计中的各个要素和图层的信息可视化，将它们之间的关系可视化，通过一定的方法整合成一个系统，可以作为一种技术方法用于城市设计的研究，其作用结果可以直接作用在城市设计上。

最后，城市图层系统是对城市设计中的要素和图层进行全过程的认知，并最终以实际任务作为目标而形成的。这里的实际任务多为城市设计方案、指导性的规划政策和引导性的城市设计建议等，这些目标决定了城市图层系统内部的研究主体和变量。同样，城市图层系统作为一种工具化的研究过程，是以解决城市设计中的城市空间问题为目标的，可以使得各个学科间达成一种协作性、整体性的认识。这些规划部门和相关学科的协作本质，是基于城市图层系统框架之下的。

## （二）空间美学下的图层思维

### 1.现代城市设计美学

现代城市设计美学的研究主要集中在城市空间形态方面。在19世纪后的很长一段时间内，设计师与规划师对城市空间的美化以及形态结构的艺术化处理，是城市设计美学的主导思想和实践。然而，当今城市设计思想不仅仅局限于实体空间美学，它更多地关注生态环境美学和人文社会美学，形成了"空间—生态—人文"的三维城市美学体系。

城市空间美学方面，卡米罗·西特（Camillo Sitte）是最早将艺术美学融入城市建设中的现代建筑师，他认为城市设计思想与形态艺术理论是一脉相通的。1889年，他提出了"视觉秩序"（visual order）的概念，认为秩序规律是城市空间审美的重要标准，城市设计应注重空间与环境的和谐性。城市空间美学强调城市的各个要素、各个层级、各个空间之间均是秩序和谐、整体统一的，强调空间背后的关系[227]。西特通过对平面图和透视图的共同分析，认为相互呼应、具有一定节奏感和秩序感的空间才是人们喜爱的空间（图3-13），他在城市美学上的理解远超其他以城市平面构

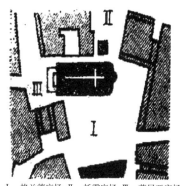

Ⅰ：格兰德广场 Ⅱ：托雷广场 Ⅲ：莱尼亚广场
（a）摩纳哥局部城市空间平面图　　　　（b）德尔伯广场局部透视图

**图3-13　卡米罗·西特的空间平面图与透视图**[227]

图片来源：参考文献227

图为美学追求的规划思想。

伊利尔·沙里宁（Eliel Saarinen）在城市空间美学观上十分推崇西特的思想，提出规划是城市空间的艺术，并将规划称为"动态设计"（dynamic design）[228]。乔治-欧仁·奥斯曼（Georges-Eugène Haussmann）的巴黎城市规划中，拆去曲折的小街小巷，建设以凯旋门为中心呈放射性的道路网和平面空间布局（图3-14）。奥斯曼同时注重人在街道空间中的视觉美学感受，控制街道两侧的建筑高度和风格，强调街景在观察者视觉上的连续性[103]。

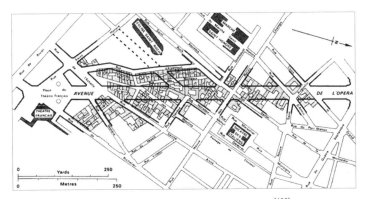

图3-14　巴黎规划中的路网改造示意图[103]

在欧洲的城市重建运动中，克里尔兄弟（Leon Kerier，Rob Krier）提出的"连续空间系统"空间观，及其在城市空间重建中的实践项目也在城市空间形式上体现了自己的城市美学观[102]。此外，现代城市设计理论及实践中还有诸多的设计师基于城市美学视角，提出自己对城市空间形式上的思想与研究，例如索里亚·马塔（Arturo Soria Y. Mata）的"线型城市"（liner city）空间思想，埃布尼泽·霍华德（Ebenezer Howard）的"田园城市"（garden city）空间理论等。

19世纪下半叶建筑师及规划师开始意识到环境景观在城市中的重要性，兴起了"城市美学运动"（city beautiful movement），提倡在城市建设中应首先将生态环境置于城市功能之上，以生态学为基础进行功能和美学建设。艾伦·卡尔松（Allen Carlson）认为自然必定是美的，环境美学就是对日常生活的研究，环境美学的研究范围应包含自然景观、城市景观和农村景观，同时应从宏观、中观、微观3个不同的尺度对生活环境的美进行研究[229]。阿诺德·伯林特（Amold Berleant）认为环境美学是研究环境认知论中的环境内在价值[230]。

　　戈登·库伦（Gordon Cullen）将知觉现象学与18世纪欧洲兴起的序列空间研究相结合，提出了"序列景观"（serial vision）概念，是城镇景观运动的重要理论，他认为城镇是由现有的景致所构成的。城镇景观设计需要考虑人对城市的感知方式，尤其是视觉，所以在城镇景观设计中应该将一系列带定位的人视角的序列空间透视图作为规划依据（图3-15）[231]。

**CASEBOOK: SERIAL VISION**

To walk from one end of the plan to another, at a uniform pace, will provide a sequence of revelations which are suggested in the serial drawings opposite, reading from left to right. Each arrow on the plan represents a drawing. The even progress of travel is illuminated by a series of sudden contrasts and so an impact is made on the eye, bringing the plan to life (like nudging a man who is going to sleep in church). My drawings bear no relation to the place itself; I chose it because it seemed an evocative plan. Note that the slightest deviation in alignment and quite small variations in projections or setbacks on plan have a disproportionally powerful effect in the third dimension.

图3-15　戈登·库伦的序列景观分析图[231]

城市的社会人文美学研究没有成体系的理论，但一些城市设计理论中对美学的思考也是值得我们借鉴的。阿诺德·伯林特认为"topophilia"（希腊文，意为"恋地情结""地域感"）一词提醒着城市设计美学研究应注重场所体验的情感研究，应该将人的体验融入环境美学研究之中。凯文·林奇关注城市设计美学中的一种独特且重要的环境，即人建环境，同时还强调"集体无意识"观点，运用心理学的知觉和认知图示方法为城市空间及形态美学提供了新的审美标准。阿尔多·罗西的"类比城市"理论带有很明显的非功能主义的美学思想，他将历史文化也即"集体记忆"置于城市的形式美学之中。罗西运用审美心理学研究方法来分析城市空间，在他的审美过程中，人对城市空间及形象的视觉审美只是起点，真正的审美在于人的心理或记忆感受，这种审美过程与人的主观背景密切相关。1977 年，阿摩斯·拉普卜特结合荣格的原型心理学，提出了"环境认识"（environmental perception）概念，认为除了空间，城市环境还受到社会、文化、心理等多重因素影响[130]。

国内针对城市设计美学的探讨起源于 21 世纪初，目前已经具有一些成体系的理论研究。首先是郭恩章团队于 2002 年提出了适应中国城市设计的美学研究框架，将哲学美学中的"真、善、美"与城市空间的人工要素、自然要素和社会要素相结合，从城市形态、城市环境和城市意象 3 个方面提出了新的城市规划和设计目标及方法[232]。《城市设计美学》全面地总结了国内外美学研究及城市设计理论中的美学思想，认为"一部城市设计的历史就是一部城市设计的美学发展史"，构建一个"环境美论——空间美论——生活美论"三位一体的观念体系，以此搭建城市设计美学理论的框架，在城市设计中更好地展现美学思想[233]。

2005 年，马武定探讨了城市美的本质、城市艺术形象和城市特色，并阐述了"意象""形象""意义"等词汇的城市美学语义与语境[234]。周岚基于大众美学，归纳、总结了城市艺术形象的塑造手段与方法。周膺和吴晶提出城市生态美学体系应从自然论、文化论、社会论、语言论、系统论、范畴论6个方面进行构建。

可以看出，随着现代城市设计的发展，对于城市美学的探讨也逐步展开，其中以城市空间美学研究为主，融入了多元化学科思想，形成了城市生态美学、人文社会美学等研究方向。在城市设计理论中，城市形态学的相关研究是美学思想体现得较为完整的研究方向，它注重人与环境的共生、场所的视觉体验，注重生态环境与自然景观的可持续性发展。

### 2.美学与城市图层系统研究

长久以来，形式美一直主导着城市空间的构建，城市规划师更多地强调城市空间的"构图"。然而这种形式美虽然反映了城市物质空间作为一种图形与城市其他要素间的组织关系，但城市设计涉及的空间与要素绝不止于此，城市设计美学也绝不仅仅是构图上的形式美，城市图层系统应该突破这一局限，借鉴更加广义的美学思想与方法，用美学的视角来认知城市。

基于美学视角，城市设计中的审美对象（即审美主体）为广义的城市空间，其中包含了审美对象的再现世界（即可见的城市物质空间）和再现世界的内部世界（即城市空间的存在意义、隐性空间及内在的关系）。审美对象的创作主体为城市规划师、政府及市民（参与），在创作过程中不可避免地要考虑到创作主体的主观思维。同时，欣赏主体即为城市空间的使用者，他们结合各自的审美标准和心理认知感受，通过审美过程形成城市空间的审美价值。结合上述主体及对象可以构建出城市设计中的城市空间审美体系（图3-16）。

首先，当前城市设计理论研究中对审美对象的内部世界、欣赏主体和审美标准等的探索较少，城市图层系统的构建应该从体系和内容上对此进行更多的思考。首先，审美对象的再现世界即城市的物质空间应满足基础的空间美学需求，不仅仅是形式美和视觉美，还应该从美学角度来思考城市空间如何在保证"形式美""视觉美""空间美"和"环境美"的同时，完美地融入多元化的现代城市功能、多样性的市民活动以及生态环境的需

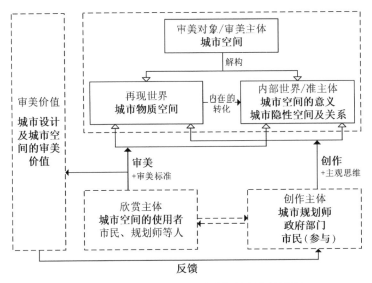

**图3-16　城市设计中的城市空间美学审美过程**

图片来源：作者自绘

求中，以及其他各种对物质空间影响较大的城市要素中。与再现世界共存的内部世界是体现其感性外化的隐性世界和内在的逻辑关系。城市设计中对于这种城市隐性空间的探索，主要集中于场所文化、社会空间和心理认知等方面，缺乏整合性的隐性空间体系的研究，对空间的关系的探讨更是薄弱。城市图层系统的研究应增加对上述内容的体系化探索，同时力求将内在关系呈现或再现于图层之上，便于更深层次的研究。

其次，审美价值与审美对象是共存的，审美价值是欣赏主体对审美对象的解读，审美标准的存在便于将审美价值进行程度化衡量。城市设计中对于审美标准的研究较少，较为常用的有林奇的"集体无意识"知觉认知、里德·尤因（Reid Ewing）的城市认知层级和"黄金标准"等。城市设计中的城市图层系统应考虑对不同的空间的审美价值和审美标准的研究。

最后，城市设计中的美学不是独立存在的，是依托于人、环境与城市空间之中的，并且在人的感受与体验中进行呈现，所以城市图层系统应该考虑欣赏主体对于人文美学的需求，注重市民的心理审美感受。同时欣赏主体对审美对象认知后产生的审美价值可以反馈至创作主体处，便于对城市空间进行更深层次的解读。

城市图层系统中的美学思想构建应以空间美学、生态美学和人文美学所构成的多元体系为基础，叠合"人—环境—空间"的三维主体，综合考虑各类显性的和隐性的城市空间的不同美学需求（图3-17）。

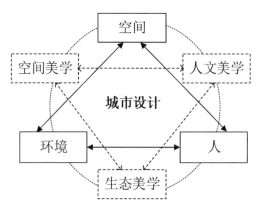

图3-17　城市图层系统中的美学体系思考

图片来源：作者自绘

## （三）建筑类型学下的图层思维

"类型"（type）源自希腊语typos，最初是指代印刷符号和图形，进而衍生出符号化、特征化的含义[235]。类型源自人类对自然产生的经验，以及从这些经验中总结出的一些规律性理念[236]。分类是人类对世界的一种认知方式，其在社会学领域中被称为类型学（typology），最初是对事物的原型与类型思想进行探讨。

### 1.建筑类型学思想起源与发展

类型学的观点早在维特鲁威（Marcus Vitruvius Pollio）时期就已经出现在建筑领域中。《建筑十书》提出了"第一建筑模式"，即"原型"（archetypes），以及运用该模式衍生出其他建筑的思想；《论建筑》提出的"整体性"和"相似性"本质即类型学思想。

建筑类型学真正起源于18世纪的法国，洛杰尔（Abbe Laugier）编著的《论建筑》（1753）基于维特鲁威的"原始屋棚"理念提出建筑的原型是"茅屋"，以此来传达建筑最初模型的概念（cabane rustique），并认为建筑的要素均源于自然，可以从自然中推导并归纳出建筑的类型，还提出"我们必须回到本源，回到原则，回到类型"[237]。与洛杰尔一样，里巴·德·沙莫斯特（Ricard de Chamoust）（1783）认为"茅屋"是建筑类型的起源。他试图综合类型的象征模式和唯物模式，建立一种具有"法国秩序"的类型概念[238]。随后，法国诸多建筑理论家开始对"起源""原型"和"类型"等思想概念进行探讨，并且试图追溯所有建筑、建筑原型、建筑构件、要素的象征性，这些思想和理念将类型学引入建筑学领域。例如，1749年雅克—弗朗索瓦布隆代尔（Jacques Francois Blondel）认为建筑重要的是其特殊性，不同种类的建筑都应具有特殊的印记，而这种印记特征决定了该类建筑的普遍形式，他将这种特征及印记称为"风格"，强调"特征"，而非"类型"。布雷（Jenne Louis Boullee）和勒杜（Claude Nicolas Ledoux）更强调建筑的纯粹形式，从理性形式层面对类型学进行探索，除了建筑的"普遍模式"，即类型，还重视建筑的个体性[239]。这一时期的探索，是建筑类型学的起源和萌芽时期。

19世纪，卡特梅尔德·昆西（Q. D. Quincy）在《建筑百科辞典》（第二卷）（1832）中首次对"类型"这一概念进行了解释，认为类型是一种抽象模糊的思想，并将其与"模型"进行了辨析，是"类型"一词在建筑学中的首个定义。他认为模型在创作中是重复，而类型是基于某种观念进行发散式创作，这种观念本身就是形成上述"模型"，即建筑模式的法则。他在《艺术词典》（1825）中将类型定义为"某物的根源"，并加上"起源、转变、发明创新"的描述，同时提出了类型学具有模糊性的特征。路易·迪朗（Louis Durand）将建筑分为基本要素和不可简化的要素并以图示化方式表达出来，归纳为"建筑要素—构图—类型（功能分析）"，是图示生成类型学的代表，被称为"类型图示"研究（图3-18）。

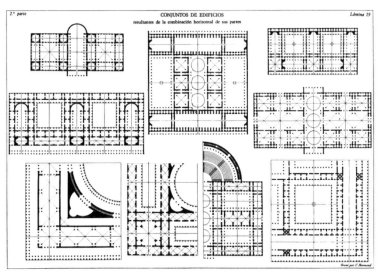

图3-18　迪朗的图示类型学[103]

### 2.城市设计中的建筑类型学理论

上述的传统类型学是依据历史环境、文化文脉、政治背景、哲学思想来描述建筑形式、构成逻辑，从而形成了特定的形式逻辑系统，该系统用于解释和阐述特定形式中相关要素的组合、转化和构成。类型学理论认为建筑与城市的形态在每个时期应该相对稳定，并且独立于技术和形式等的变化，具有一定的持续性和稳定性。

类型学的概念也适用于城市研究中，意大利建筑师托里奥·格里高蒂（Vittorio Gregotti）在其对于城市空间的研究中认为城市是由外部街道和广场空间等将不同的建筑类型分割开来的，城市研究应运用类型学方法，对街道、街区、广场进行重新整合[240]。受到迪朗的思想影响，阿尔多·罗西结合荣格的原型理论将建筑类型学应用在城市设计理论中，将类型作为一种稳定的、基础的深层结构。与此同时，他探讨了居住建筑等常见的建筑类型，以及具有纪念性建筑的历史意义，认为城市主义和城市生活应该从居民的个人感受与记忆角度去进行修复。罗西认为城市的空间形态包含了历史和现实的结合，也是人类生存所产生的意义和实体物质空间的凝聚，从历史的时间段面上看待当时的建筑和城市，他认为每一种特定类型的建筑或城市空间都是居住者的一种生活方式的表现。其主要运用类型学探讨历史要素与城市的关系，认为类型学要素和要素的选择比形式风格的选择更重要。

与罗西不同的是，克里尔兄弟的类型学是从物质空间要素来描述城市的，罗伯特·克里尔探讨了城市和建筑的类型学原则，认为城市在空间上是由街道和广场两个不可简化的要素组成的，形态上是由圆形、三角形和正方形变化而来，并分类给出了街道、广场每个要素的形态模式及其连接模式，他基于类型学对于城市空间的思考是一种简化主义的思想，被称为实用类型学[241-242]。里昂·克里尔的古典主义城市复兴思想，在城市空间重建中强调了街道、广场、街区的形态和类型，并将住宅作为一种新的城市要素进行考虑[243-244]。克里尔兄弟在城市重建过程中，试图用建筑类型学来对城市空间及城市形态进行控制，强调类型学与城市空间的辩证关系，以此反对当时规划的分区制，并注重城市的文脉延续和城市肌理的可持续性。

哈佛大学鲁左那（Eduardo E. Lozona）提出类型选择在社区设计和城市设计中承担着许多重要的功能，认为类型是不断发展和更新的，文化是类型发展的主要影响因素[245]。

奥斯瓦尔德·昂格尔斯（Oswald Ungers）基于类型学思想，在《分层城市》*The Dialectic City*（1997）中提出了"分层城市"的概念，是城市设计图层思想中最完善的一种理论。他认为城市是由一系列的"层"（layer）叠合而成，图层之间可能无关，也可能相互关联，每个图层可以被分离出来单独编辑，然后进行透明的叠加[13]。至此，建筑类型学已经在城市设计中形成了相对成熟的理论和方法，这种研究方法使得城市设计更趋向于理性。20世纪中期，欧洲开始将要素分类、地图叠加、mapping 等研究方法应用在城市规划中，逐渐出现了城市生态地图、城市气候图集、城市人口分布地图等各种主题性地图。这些地图或图集的研究过程都应用了建筑类型学，通过要素选择、要素分类、单一要素绘制、地图叠加等过程形成相应的图集[91]。

### 3. 建筑类型学与城市图层系统

类型是构成城市要素的一种形式特征，最终产物是对选择的要素进行逻辑组合的过程。类型学对简化后的城市或建筑要素进行研究。类型学可以用于解释城市空间组织的基本要素和其内在关系，建筑类型学从物质层面上构成了城市。

在城市设计的城市图层研究中，类型学有两个方面作用。第一个作用是，类型学作为认知方法的理论思想，具有一定的理论意义。类型学是在建筑及城市设计中一种分类组合的方法理论[246]，用来解释建筑及城市的意义和其形式之间的关系[247]。通过城市图层的方法对世界与城市进行解构，与类型学的认知观相同，类型学思想可以从理论层面指导城市图层理论体系的建立。在城市图层思想的应用中，人们通过城市图层来解释和了解城市空间环境，基于类型学的理论思想建立起新的城市设计理论、研究方法和规范体系等知识形式。

第二个作用是，类型学作为一种研究方法或技术工具，用于系统地组织和处理与建筑和城市分类有关的大量知识和要素。在城市图层思想的实施过程中，用于分类、解构与重组，既有解释性作用，又有生成性作用。具体表现为，一是将城市设计中涉及的城市要素及图层按照相应的逻辑进行分类、整合；二是将城市空间作为一个由各类城市要素按照一定的逻辑进行解构、组织、集合而成的系统，进行综合分析和研究；三是人们试图通过对集合城市组合，例如将街道、街区和广场重新整理，按照新的逻辑、角度进行分析研究[240]。

建筑类型学中的部分类型是普遍的，也有一部分类型是受不同文化限定的，还有一部分类型是地区性的，每一个城市设计方案在进行城市图层的选择时，也是遵从着类型学法则的。在城市图层系统的建立和使用过程中，应对不同种类和不同层次的特征进行区分。城市设计首先存在着一种普遍性的特征，所以不同的城市设计方案应同时具有一些普遍性、共有性的城市图层。此外，每个城市设计方案还存在诸多独有的特征，每个城市设计方案都具有不同的城市图层，表现出不同的文化特征；同时，还应有共通的城市图层，表现城市设计的基本特征。

在城市设计图层系统中，将冗杂的图层及要素进行分类就是对类型学的应用。城市设计需要建立较为完善的图层及要素的分类思想，而非一种固定的分类方式。针对不同类型的城市设计，选取相应的分类方式，而非用一种统一的分类方式应对所有类型的城市设计。在城市设计的城市图层中，可以运用类型学地图的表达方式对各个要素进行数据、图示及地理信息的描述，从而便于将不同维度、类型的要素在同一底图上进行分析与叠加。

## 四、城市图层系统的认知框架

### (一)城市图层系统的理论认知

城市图层系统研究的认知框架相当于一种描述性的、提纲挈领的语言，用于指导城市图层系统在城市设计中的研究与应用方向。城市图层系统的认知分为3个方面：一是理论层面的认知，即城市图层系统理论的探索；二是方法论层面的认知，即城市图层系统技术框架的建立；三是应用层面，即城市图层系统内容组织与实施应用的认知研究。

城市图层系统的理论思想认知主要基于系统体系思想、分层与分类思想、还原思想与抽象图示化思想等。其中，系统体系思想主要源自系统学理论与地理学的一些系统性研究，分层分类思想来源于建筑类型学方法、地图学实践与分形学理论与思维方式，还原思想主要源自哲学认知观中的现象学、符号学与建筑类型学等理论指引，抽象图示化思想则基于地图学、美学、符号学与语言学以及建筑类型学等理论、研究方法与思维方式。

城市图层系统的认知框架是基于上文阐述的不同认知观对于城市图

层系统研究起到的不同的引导作用来进行构建的。由于这些认知观都是对城市设计起到重要的启示作用的，其对于城市图层系统研究的理论层面、方法论层面以及应用层面都有着不同的指导，将其进行梳理整合，即可构建适应当代城市设计的城市图层系统研究体系（图3-19）。此外，各类认知观均对城市图层系统所涵盖的内容起到了启示作用（表3-3）。

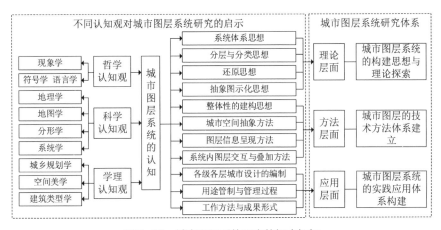

图3-19　城市图层系统研究的初步框架

图片来源：作者自绘

不同认知观的思想为城市图层系统提供的内容指导　　　　表3-3

| 认知观 | 理论思想 | 相关理论及思想 | 城市图层系统的图层及要素内容 |
|---|---|---|---|
| 哲学认知观 | 现象学 | 胡塞尔的先验还原方法与"生活的世界"空间 | 还原客观环境的本质——情景、意境；将"生活的世界"分为意识空间、客观空间、直观空间和几何空间 |
| | | 海德格尔的存在主义现象学 | 强调人与空间的关系，提出空间的"存在"与"此在"，并认为建筑是存在于大地上的定居 |
| | | 梅洛—庞蒂的知觉现象学 | 提出了以身体感受与意识为思想基础的"身体空间"与"知觉空间" |
| | | 建筑现象学理论 | 场所与场所精神、城市意象、存在空间、不同身体感官感知到的知觉空间等 |
| | 符号学语言学 | 索绪尔的语言学 | 图层与要素的历时性与共时性研究 |
| | | 卡西尔的符号学 | "人、符号、意义"；神话、语言、艺术、宗教、历史、科学6类文化符号 |

<table>
<tr><th>认知观</th><th>理论思想</th><th>相关理论及思想</th><th>城市图层系统的图层及要素内容</th></tr>
<tr><td>哲学认知观</td><td>符号学语言学</td><td>建筑符号学</td><td>强调建筑与空间背后的隐喻性符号要素；注重图层与要素内容的历史性分析，和不同时期的延续关系；符号空间——游牧、领域、路径、街道、广场、理想空间；城市心智地图——社会文化、活动交往、文脉含义等象征性内容</td></tr>
<tr><td rowspan="7">科学认知观</td><td rowspan="2">地理学</td><td>与城市相关的地球不同圈层</td><td>地壳圈层（地质、地貌、地形、地下资源以及地质灾害及地表人工建设空间等）；水圈层（地下水、地表水等）；生物圈层（动物、植物、人类活动等）；大气圈层（气候条件与空气条件等）</td></tr>
<tr><td>地理信息系统采集的城市空间信息</td><td>城市空间信息的数据库，例如"数字城市""数字地球"等平台中涵盖的城市空间信息及内容</td></tr>
<tr><td rowspan="2">地图学</td><td>地学信息图谱理论</td><td>区域可持续发展数学模型库；区域可持续发展数据库；同时包含征兆分析、诊断分析以及战略实施与制定图层</td></tr>
<tr><td>已有的主题性城市地图研究与mapping技术可以呈现的地图</td><td>区域居住聚落分布地图、城市居住及住宅特征地图、城市生态地图、区域景观分析地图、城市气候地图、城市人口分布地图、宗教分布地图、高速公路及道路交通系统地图、城市旅游地图等</td></tr>
<tr><td>分形学</td><td>分形城市理论与研究方法</td><td>不同尺度的图层与要素内容；具有分形特征的城市图层与要素——城市形态增长、城市规模分布、线性城市要素、网络性城市要素与图层等</td></tr>
<tr><td rowspan="2">系统学</td><td>复杂城市系统与城市形态学</td><td>城市平面格局——街道系统、街区和建筑物的基地平面等</td></tr>
<tr><td>卢济威的整合性城市设计理论</td><td>分为实体要素、空间要素和区域要素3个子系统</td></tr>
<tr><td rowspan="6">学理认知观</td><td rowspan="3">城乡规划学</td><td>城乡规划</td><td>城市设计应该参与到各个层面的城乡规划编制中</td></tr>
<tr><td>国土空间规划</td><td>多尺度、多层次、全要素的城市设计内容</td></tr>
<tr><td>城市设计</td><td>理论性、工具性的研究过程</td></tr>
<tr><td>空间美学</td><td>建筑美学与城市设计美学理论</td><td>空间美学、生态美学和人文美学；"人—环境—空间"；市民的审美空间、审美价值与审美标准</td></tr>
<tr><td rowspan="2">建筑类型学</td><td>阿尔多·罗西的城市建筑学</td><td>城市空间分为意义与实体空间，强调纪念性建筑与空间</td></tr>
<tr><td>克里尔兄弟的城市空间理论</td><td>城市空间分为街道、广场与街区；形态上分为圆形、三角形和正方形</td></tr>
</table>

城市图层系统与城市设计

120

| 认知观 | 理论思想 | 相关理论及思想 | 城市图层系统的图层及要素内容 |
|---|---|---|---|
| 学理认知观 | 建筑类型学 | 昂格尔斯的分层城市理论 | 基础设施、道路交通、水体、建筑等 |

表格来源：作者自绘

### 1.系统体系思想方面

系统性思想是整体研究体系构建的基础，其中地理学的地理信息系统的整体学科的研究体系、分支方向是较为成熟的。地理信息系统的研究体系目前可以分为理论研究、技术方法研究、相关软件的应用与平台开发3个方向。同时地理信息系统又按照"采集与存储、描绘与管理、分析与处理、显示与呈现"这4个操作步骤分别从技术方法、软件应用与开发方向进行分类研究与探索。这种多维度的研究体系构建是城市图层系统需要借鉴的。

基于系统学思想的指导，城市图层系统研究体系的构建应该强调以下几方面：一是强调城市图层系统作为一个开放系统，其内部内容信息与外部其他信息和能量的沟通与交换。二是应该注意城市图层系统研究随着时间的不断更新与新陈代谢，城市的自组织性与适应性都应在城市图层系统研究体系中有所表现。三是城市图层系统的研究应适应城市设计兼有"自上而下"与"自下而上"的特征，同时从两个逻辑路径出发进行体系构建。四是由于城市图层系统具有复杂巨系统的特征，所以在研究的时候应避免传统城市设计中只运用简单的分析与叠加即得出相应的研究成果的思路，应从不同的研究视角全面剖析城市设计中存在的问题与关系。

### 2.分层与分类思想方面

城市图层系统研究中的分层与分类思想主要包含了要素类型化、层递式分析、图层叠加3种思维方式，这3种分层与分类思想在城市规划与设计的领域中已有所体现[15]。"要素分类—层递式分析—图层叠加"与建筑类型学中"识别提取—类型解构—空间重组"的3个研究步骤较为相近。

要素类型化思想是将城市设计中涉及的城市要素进行解构，随后以一定的原则与逻辑进行分类解析。这一思想主要运用了建筑类型学的分类思维方式，以及建筑类型学衍生出的城市形态学的研究方法。城市图层系统的思想与建筑类型学的认知观相同，都是对认知的事物进行分类解构，可以基于建筑类型学的研究方法与范式体系来建立城市图层系统内的要素类型化框架。建筑类型学的思想在城市图层思想的实施过程中，用于分类、解构与重组。城市形态学的思想用于将城市设计中涉及的城市要素进行抽象划分，一般将其分为建筑及其开放空间、街道、街区等基本城市要素[248]。

城市图层与要素的层递式分析与图层叠加思想主要基于地理学的地理信息系统研究方法、地图学的系统分类、图层叠加以及主题性城市地图的研究思想与方法。地理信息系统作为一种技术系统，其操作路径被划分为不同的数据和信息图层，这一研究思想与城市图层系统的要素分层级进行分析与叠加研究的思想相近。图层叠加思想在城市规划中的应用源自对景观系统的分层分析与叠加方法，随后基于地图学中的主题性地图与mapping技术方法开展进一步应用。复杂景观系统被解析成由多个子系统构成的空间体系，运用要素分类及分层思想将每个子系统划分为不同的图层，运用主题性地图与mapping研究方法对图层内部的信息进行表达，随后基于图层与子系统间的相互关系进行叠加[249]。

### 3. 还原思想方面

现象学思想的原点就是对"本源"的探索，寻求城市空间的"原型"与"本质"。城市空间本就呈现出现象学特征，现象学的理论与思想分别从空间物性的研究与空间处境性的研究两个方面探索空间的本源，不仅考虑城市物质空间方向，还对物质空间背后存在于使用者意识或知觉中的隐性空间进行思考，例如胡塞尔创建的"先验还原"这种现象学还原方法，以及海德格尔提出的用于思考"物"的本质的"存在"理论。建筑类型学的类型解构思想就是对城市空间中的"原型"与"类型"的解构与还原，以此还原后的类型结合不同城市空间的具体问题，有针对性地进行"类型"重组和演绎。与建筑类型学相近，符号学主要是基于新的视角对建筑与城市空间进行抽象化认知，这种抽象化的思考首先就应该对空间进行本质还原，再运用符号学的思维进行分类研究。语言学中的历时性与共时性思考，也是从多种维度对城市空间进行更深入的剖析，研究每个城市要素或图层的本质特征与关系，是一种多维度的本质还原思想。

建立城市设计中的城市图层系统的意图就是探索城市设计的本质，寻找影响城市设计的本真要素。只有了解了城市设计的本质，才能更加系统和精准地对城市空间进行塑造和优化。不追寻本质的研究都是无法立足的。城市图层系统的研究需要首先将城市空间的本质进行还原，然后展开其他相关的研究。

### 4.抽象图示化思想

如果某一事物的各个图像的要素以一定的方式相互关联，那么这个事物也是以同样的逻辑方式进行联系的，这种关联方式是该事物抽象成图像的结构，这种结构则是该事物的图示模式[250]。由于城市设计在实施应用中更多地是运用图示化语言，所以城市图层系统研究最终会落足于城市设计项目实践的表达之上，这种表达即抽象图示化思想的体现。

符号学与语言学为城市图层系统的"抽象图示化思想"过程提供了思想指导与表达方法。符号功能在主客关系上具有一定的中介性，可以很好地表达事物本身及功能的真理性和认知方法的合理性。在城市图层系统的研究中符号学思想可以有效地将城市设计涉及的城市空间要素简化和还原成最简单的程度，帮我们更好地理解城市空间及其抽象出来的要素和图层的意义，理解它是如何产生、变化、增强或消减的。城市空间中的欣赏主体是市民，审美主体是市民所欣赏的日常。市民对审美主体的解读，是大脑对城市空间进行抽象化思考的过程，城市空间与城市设计的审美价值也体现在市民基于自身审美标准进行抽象化审美思考的过程中。由于城市设计是美学与科学的结合，所以在城市空间进行抽象图示化表达的同时，还要结合美学思想，强调图示化表达的美学价值。

## （二）城市图层系统的方法认知

城市图层系统技术方法的研究体系的构建需要适应系统研究的技术路径，针对不同阶段的研究过程进行有针对性的方法论研究。

### 1.整体性的技术路径构建思想

城市图层系统技术路径的构建是一个整体性、系统性的研究，需要全面地覆盖城市设计的各个研究层面。系统性的思维在城市图层系统的技术方法研究体系的构建中起到了基石的作用。技术路径从整体上应该具有全面系统的特征，内部过程则应该分层级、分步骤、分维度地进行思考。地理学认知观中的地理信息系统的整体技术路径可以按照其应用功能分为"空间信息采集与管理—信息分析与研究—信息呈现与表达"3个过程。这种多维度分层级的研究方法正是城市图层系统所需要的。

城市图层系统的技术路径可以从抽象城市空间、呈现图层信息、交互系统内图层这3个过程来建立，并且基于不同认知观思想在研究方法上的指导，从上述3个方面进行方法论的探讨。

### 2.城市空间抽象方法论

城市图层系统研究在"抽象城市空间"这一过程中，引入了抽象逻辑思维，通过对城市空间的抽象化、解构化，得出该空间中与城市设计相关的城市要素，再基于新的逻辑对这些要素做筛选与隔离，进行重组。这种抽象逻辑思维的引入与要素的筛选、隔离，主要基于现象学与建筑类型学及分形学的研究方法。

现象学对于空间进行了许多抽象化的思考，其中最主要的研究方法就是现象学还原思想与先验还原方法，胡塞尔基于这种方法将空间即"生活的世界"抽象化地分为"意识空间""客观空间""直观空间"和"几何空间"等4类空间，基于这些空间类型进行空间解构的思考。海德格尔虽然没有将城市空间进行解构化与类型化，但其提出的"存在"思想，为城市空间的抽象化解构提供了新的研究方向，即城市空间的存在意义以及建筑—世界—空间之间的关系，为后续城市规划师对"场所"与空间意义的探索提供了思想基础。梅洛—庞蒂则从人的知觉与身体角度出发将空间抽象为知觉空间，即以身体感受和意识为出发点的空间思考，后续建筑师基于此提出了不同身体知觉的空间分类。

建筑类型学的研究主旨就是寻找组成建筑与空间的"原型"，将这些原型要素进行分类、重组。建筑类型学作为一种方法论用于分类、解构与重组，既有解释性作用，又有生成性作用，可用于系统地组织和处理与建筑和城市分类有关的大量知识、信息和要素。城市图层系统研究中需要进行要素筛选与隔离，但由于城市设计中偶然的次要要素与必然的主要要素相互混杂及多重关联性，难以全面地研究系统中的多重关联，导致要素的筛选与隔离具有一定难度，而分形学思想可以把不同的城市要素从复杂的城市系统中隔离出来。

### 3.图层信息呈现方法论

"呈现图层信息"这一过程，主要是针对城市图层系统中某一单项图层内部的要素与图层内部信息进行梳理与表达，包含图层框架的梳理、要素信息的收集与图层、要素信息的表达3个步骤，其主要借鉴的方法论为地理学的地理信息系统技术方法、地图学中的mapping与主题信息地图技术方法、符号学与语言学的表达方法以及图解表达方法，部分信息分析还需要应用分形学的研究方法。

首先，要素的信息梳理与收集可以借助地理信息系统中的空间数据信息采集与存储技术与平台，也可以运用大数据技术方法，借助目前已有的城市空间数据库进行信息收集。收集到的要素信息需要进行二次逻辑加工，通过分析与处理再应用于城市设计之中，一般采用地理信息系统的技术与分析软件平台进行。一些线性或者具有强烈分形特征的城市要素以及不同尺度的要素，会采用数学思想中的分形学研究方法进行测量与分析，例如城市发展边界线、海岸线等要素可以用分形维数等方法进行研究；城市规模增长等要素则采用质量维数、元细胞自动机模型模拟等方法进行研究。

图层信息呈现最后的步骤是将处理与分析后的信息进行表达与呈现，一般基于符号学与语言学的语言表达思想，运用地理信息系统的技术平台、mapping技术方法以及主题性城市地图等方法来呈现。地理信息系统是一种可以直接运用的技术系统，mapping则是一种技术方法，二者都是呈现城市要素或城市图层的技术工具，最终大部分的要素或图层是以相应的城市地图作为信息载体被呈现出来。

### 4.系统内图层交互与叠加方法论

城市图层系统研究的技术框架最后一个过程就是将系统内部的图层或图层组进行叠加分析，但由于系统内的图层是动态且关系复杂的，不能只是进行简单的图层叠加，应该考虑到动态信息的交互与叠加。"交互系统内图层"这一过程可以分为图层内的厚度化信息处理与图层间的动态关系交互两个步骤。这个过程主要应用了系统学的复杂性理论和图层分析方法、图解方法和图层叠加，一般基于地理信息系统技术平台以及mapping和主题性地图这些信息载体进行交互与叠加。

城市设计中城市图层系统内部的厚度化信息处理过程是基于系统学中的复杂城市地区系统论。图层系统内部的图层与子系统是相互关联的，运用复杂性理论及其研究方法可以进一步阐述这些关系，揭示城市图层系统内部的作用机制与问题，并对图层信息的厚度化特征进行保留与强调。图层分析方法是针对复杂性系统与关系研究的一种多重分层的分析方法，主要基于各种空间信息的软件技术平台，可以将图层信息的厚度化进行呈现。

图层叠加方法主要应用于城市图层系统中图层间的动态关系的交互与叠加过程中，这是地理学与地图学衍生出来的一种分析研究方法，最早是针对不同的研究内容选取不同的要素，将这些要素的信息进行直接呈现，或者经过分析后绘制到地图上，最后将绘制的地图进行叠加，形成较为科学、客观的叠加成果。一般基于mapping和主题性城市地图进行叠加，随着现代计算机技术的发展，也开始基于地理信息系统的软件平台进行叠加研究。

第四章

城市图层系统

概念与特征

# 一、图层及图层思想

"图层"（layer）一词在维基百科中首要的解释为"a level or part within a system or set of ideas"，即位于一个系统或一系列观念中的某一个层级或层次，表达层次、阶层的意义。其动词的解释为"to arrange sth. in layers"，是指将某一个或多个事物分层级放置，表示"图层"一词可以作为一种思维方式和方法。"图层"还被解释为"某一事物的表层或层"，这说明"图层"可以作为事物的一种信息载体，或事物信息的呈现形式[251]。

## （一）图层作为一种思维方式

图层思想本质上是一种思维方式。系统内的要素按照一定的规则和逻辑，分解成不同的类型，而后组成相应的图层，再通过图层间的交互与叠加，来探索其特征及内部关系，从而对系统和系统内的各种关系进行认知。图层思想是一种认知方法，是透彻地认识世界的一种系统观[252]。

图层首先是存在于相应的系统当中的。系统的状态变化和内部的复杂关系是十分重要的，图层思维的本质是将复杂系统进行分层级简化，使得人们更加清楚、明确地理解这些变化与关系，从而为下一步对系统进行控制与干预等过程提供一定程度的协助。

图层思想的核心在于"隔离"和"叠加"，图层隔离和图层叠加是一种方法。图层在应用时，首先应有选择性地提取并筛选相应的要素，将关键要素从复杂的系统中隔离出来，随后将图层进行相应的叠加，从而形成一个完善的图层系统。在词典中，图层的含义是将某些东西按层叠置，并非简单的堆叠，所以我们在进行图层的隔离和叠加时，应基于相关的方法论，结合相关的理论、方法和价值分析等来操作。

图层思想与分层思想比较相似，但有所不同，图层思想是基于分层思想演化而来的。分层思想是各个学科中常用的一种思维方式，衍生于对自然界中普遍存在的分层现象的思考，例如人类对地球内部构造的探索。基于对地球内部构造的研究，人类对其采取了科学的分层思想，将地球内部的结构分为地壳、地幔、地核 3 层来进行认知，因此可以认为分层思想起源于地球科学[253]。随后，这种分层思想被应用于数学统计研究、生物学研究以及社会科学研究等领域。

与分层思想不同的是，图层思想不仅仅是"分层（划分层级）"这一认知方法，还融入了图示化的思维方式。图层亦是某些思维方式的表现形式之一，可以反映客观事物的某些本质、特征及属性，也可以及时地将使用者或设计者的思维想法表达出来。可以说图层思想相对于分层思想，对研究对象具有更强的针对性，对研究内容的表达也更加精准。

## （二）图层作为一种信息载体

图层作为一种研究方法和信息载体，最初应用于地球科学中的地图学研究之中。在地图的绘制过程中，每一个图层是"a set of graphical information"，即"一组图形信息"。自古以来，每一幅地图都是采用分层绘制的方法，将地图内不同类型的信息进行分类，每一类信息分层级地进行表达，而后将这些信息同时呈现在一个底图之上，这其中每一类信息的层即为一个图层。随后图层这一概念被引入各种制图方法及制图软件当中，尤其是 21 世纪出现的地理信息系统，随后被不同的专业及学科分别加以运用。

地图是一种中性介质，能够突出且完善地将一种或几种城市自然和社会要素的信息转化为图像语言，是某一项或一组可视化城市要素的地理信息载体，表达了该要素或要素组的瞬时信息、静态信息和可视关系。地图是一种可以用于贯穿各个历史时间点的地理标识[252]。地图作为一种地理信息的表达方式，可以作为图层的基底，以及图层叠加时的参考系，同时也是城市图层中某一要素或要素组的地理标识。

系统先于图层而存在，图层在系统中起到一个信息载体的作用，属于系统的低级别，要素属于图层的低级别，要素及要素的相关内容一起构成图层。图层是要素的数字化、图示化信息以及价值信息的集合体，包含了每个要素的显性可视化信息、隐性不可视化信息、价值判断以及图层内要素间的各种关系。每一个图层中的要素都具有一定的内聚性[252]。

图层应位于系统中相近的抽象级别中，系统内部的图层也可以分为不同的级别，并且图层与图层之间并非毫不相干，而是具有一定的关系；同时，A图层与B图层中的某一要素也可能存在着一定的关系。每一个图层都是相对独立的，但又与其他变量（图层或要素）相关，并且与其他图层保持着松散耦合。系统内的各个图层可互为基底与背景，图层之间存在着优先级和时间性的差异。

如果系统是动态的开放系统，那么图层承载的也不是静态信息，而是动态的数据信息和图示信息，每一个图层都是一个特定的变量，可以表达系统内部的状态变化。图层作为一种信息载体其主要目的就是为了描述与表达，通过图层的方式来呈现客观事物的特征及信息，一般用于表达空间信息。由于客观事物是随着时间变化而变化的，所以图层也具有一定的时空性，是多维度的信息载体。这意味着图层的划分本身也是一个探讨维度层级差异的极佳切入点。

## 二、城市图层的概念与特征

### （一）城市图层的概念

"图层"这个概念本身并没有被应用在城市设计和规划中，然而图层思想在城市设计的相关理论和实践上有着一定的影响。城市规划师及建筑师经常会通过将画有设计思维的半透明草图纸一层一层地叠置，进行方案设计，这种设计过程本身就是对图层思想的应用。城市设计中有许多应用图层思想的思维方式建立的理论及研究方法，例如图层分析方法等。

城市设计中的城市图层可以被看作城市设计的一种动态信息载体，是指城市设计涉及的各种要素及关系的综合信息，通过叠加或交互等方法处理后形成的成果，例如物质空间、生态、经济、人文等方面的信息与关系。本书所探讨的城市图层均指的是在城市设计范畴内的图层。

城市图层从内容上包含了内部要素、要素涉及的各种信息、要素间的关系（图4-1）。每一个城市图层都是由许多要素组成的，这些要素的信息可以分为显性和隐性两类，也可以分为图示化信息、文字化信息和数据化信息。数据化信息和文字化信息可以表达为表格、数字和文字描述等形式，或者结合该要素的空间信息进行图示化表达，图示化信息则直接运用图示语言进行呈现。要素的显性信息直接投射于图层上，而图层之间又通过上下叠加或交互等方式来组成整个城市图层系统。图层内的要素涉及各种要素间的关系，这些关系也需要通过分析研究，将其转译成相应的形式，进行图示化表达或者以其他方式表达。每一个城市图层也具有一定的复杂性，可以被看作一个小系统。图层内的显性信息直接选择合适的表达方式即可进行表达，而隐性信息和隐性关系则需要通过转译进行表达。

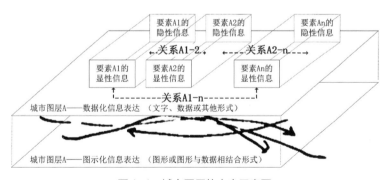

图4-1　城市图层的内容示意图

图片来源：作者自绘

## （二）城市图层的特征

城市图层与图层一样具有动态性、半透明性、相对独立性以及语言表达工具这4个特征。

## 1.动态性特征

由于城市图层是数据信息和图形信息的集合，它会随着信息的变化而改变，所以城市图层并非静态不变的，而是具有动态性的特征。因此城市图层除了空间信息，还增加了时间维度。所以城市图层还应该基于时间变量，来进行研究，强调各个图层之间的时间性差异。

## 2.半透明性特征

城市图层具有半透明性的特征，半透明性是一种思维途经。其关键在于不同层次、类别的要素及图层凭借各种关联，与其他部分或整体系统产生关系，"渗透""交叠""模糊"等词汇用于描述其关联程度，而这些关联性决定了图层的半透明性[254]。我们可以根据不同的需求，选择哪些要素在该图层中突显，哪些要素在该图层中退为衬底，甚至哪些要素在该图层中应被忽略，便于更好地理解事物的本质及关系。一个图层不透明的部分是组成该图层的相关要素，透明的部分是不直接影响该图层的要素，半透明的部分是不同图层叠加时需要作为参照系的基底[255]。半透明性的特征使得图层包含了筛选、忽略、添加等行为，以及叠加时基底产生的影响。

## 3.相对独立性特征

每一个城市图层都是一个相对独立的变量，但某些图层可能与其他图层内的变量相关，这时我们可以以图层组的形式进行研究，便于梳理图层间的关系。城市图层内部的每一个要素都是相对独立的，但又可能与其他要素存在一定的关系。要素间的关系分为3种：第一种关系，某些要素只与该图层内部的其他要素存在一定的关系；第二种关系，某些要素可能与其他图层内的要素产生关系；第三种关系，某些要素绝对的独立，只与其所在的图层存在关系，与其他图层内或图层外的要素均无关系（图4-2）。

## 4.语言表达工具特征

城市图层的表达包含符号语言、图示语言以及数据语言等多种形式，所以城市图层便于信息的表达与沟通。我们可以把城市图层中的"图"看

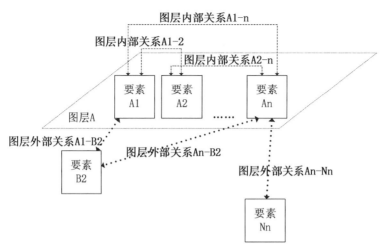

图4-2 单一城市图层要素的关系示意图

图片来源：作者自绘

作城市设计中涉及的要素的抽象化表达，这样包含"图"的"图层"可以清晰明确、直观地指导城市设计。城市图层中的图示语言多用于描述城市设计涉及的空间内容。这种高度抽象的形式，便于建立相应的空间模型，以及对其进行分析运算。

### （三）城市图层与城市专项地图辨析

城市专项地图一般是城市或区域专项规划的成果之一。专项规划是指在区域城市规划、总体城市规划或者分区规划等上级规划及政策的指导下，为了更加有效地将上级规划进行落实与实施，从而更加系统、有针对性地研究城市或区域中相关的要素，并进行规划编制。专项规划是总体规划的延伸。

专项规划的成果一般包含文字部分（说明书与文本）、图示部分（图纸与图则），其中图示部分的图纸常用地图模式来进行表达。与城市专项规划图纸所不同的是，城市专项规划的图纸包含了一些规划分析图等，以及会在部分专项地图的基础上叠加一些结构性的规划和政策发展图示。

城市专项地图古已有之，多用于绘制城市的自然环境、聚落分布、街坊分布、建筑物分布以及道路规划等。当代城市专项规划一般是基于计算机信息技术来进行研究与表达的，所以当代的城市专项地图也以计算机技术的方式来进行呈现。

城市专项地图是能够突出且完善地表示一种或几种城市自然和社会要素的图示语言，是内容专题化的地图，例如城市功能分区地图、城市道路交通地图、城市地下管网地图等。城市设计中的城市专项地图是某一项可视化的城市要素或一组要素的地理信息载体，表达了该要素或要素组的瞬时信息、静态信息和可见关系，是城市图层中的该要素或要素组的地理标识。

除了城市专项地图所表达的可见关系外，城市图层还包含了地图中所表达的城市要素的动态演变、内在逻辑关系，以及要素之间不可见的隐性关系，是城市专项地图及其内在关系、动态演变机制的集合（图4-3）。城市专项地图是城市图层中某一个或某一组要素的集合，是其信息关系的图示化表达，也是该城市图层的一种呈现方式，一般落于城市的地理地图上，便于图层之间的分析和叠加，指导相应的城市设计方案，以及与相关专业进行研究方案交流与沟通。

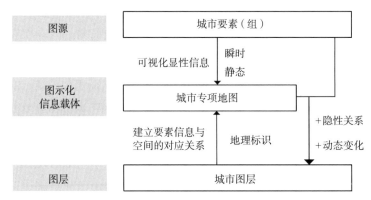

图4-3　城市专项地图与城市图层的关系

图片来源：作者自绘

城市专项地图可能是某一个城市图层所专有的，但并非每个城市图层都有城市专项地图。如果一些城市图层所包含的城市要素的信息无法进行可视化图示表达，或者无法与城市空间建立对应的关系，这些城市图层就不具有相应的城市专项地图。

## （四）城市图层系统与城市专项图集

首先，城市专项图集与城市专项地图一样，均是城市规划与设计中的一种图示化的表达方式。城市专项图集也是城市或区域专项规划成果的一种表达方式，一般为城市专项规划的图册，是城市专项地图及相关规划分析图示、规划建议等图示的集合，是城市规划或城市设计项目从分析到方案到规划引导整个过程的完整图示化表达。城市专项图集是由多张图纸按照一定的逻辑顺序共同组成，其中包含一张或多张城市专项地图，来阐述城市规划中某一项具体研究的成果。城市专项图集一般因地域、研究方向等不同，在表达与绘制过程中具有一定的标准化、模板化特征。

城市专项图集是一种综合了某城市专项要素的地理分布、分析以及规划建议的成果。城市专项图集将某一城市要素的信息，运用计算机技术方法、图解技术方法等呈现于城市的空间地图之上，实现了城市要素信息的可视化。城市专项图集可以为城市规划者清晰地提供相关的城市要素的信息，便于进行深层次的城市设计研究。城市专项图集还可以指导城市规划与城市设计的实践。与城市专项地图相比，城市专项图集还包含了该要素的分析地图以及规划建议地图。

每一个城市图层内的城市要素，一般都与相同研究方向的城市专项图集相类似，其研究内容也大体相近。城市专项图集是将这些要素的研究过程用图示语言表达出来，而城市图层包含的不仅仅是图示表达，更多的是要素间的关系、作用机制、信息内容等。部分城市专项图集由于涉及的规划内容较多，因此涵盖的城市要素也多于单一的城市图层，更具综合性。

由于城市图层系统是多个城市图层的交互与叠加，包含其所有城市图层的内容及其关联机制，所以城市设计中的城市图层系统研究的表达，可以被划分出多个城市专项图集。城市图层系统同样包含了所有城市专项图集的研究内容、研究逻辑以及专项图集所表达的城市要素之间的隐性关系与动态变化，相较于二维城市专项图集多了更多的维度与关系。图4-4为城市要素、城市专项地图、城市专项图集、城市图层与城市图层系统之间的关系辨析。

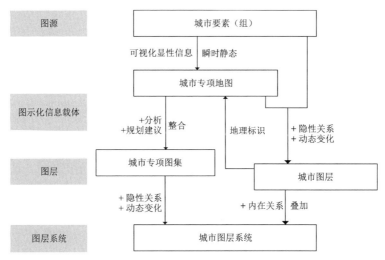

图4-4　城市要素、城市专项地图、城市专项图集、城市图层与城市图层系统之间的关系

图片来源：作者自绘

## 三、城市图层系统的概念与特征

### （一）城市图层系统的概念

城市图层系统包含城市设计中所涉及的影响城市空间形态的各个要素和图层以及它们之间的各种关系，是由多个城市图层基于相互之间的联系与作用，通过交互、叠加而组成的一个开放型系统。通过城市图层的叠加可以发现城市的空间形态是被城市的各个要素所左右的，同时可以看出城市的物质空间形态是如何受单一城市图层或多重城市图层影响的。

城市图层系统具有一定的适应性，可以与外界环境进行信息交互，通过感知外界环境的影响与刺激，来调整自己的系统状态，使其越发的完善，更具适应力。城市图层系统是相对稳定的，当图层系统中的某一要素发生变化时，与之相关的要素及图层会同时发生改变，但不会因某一要素的改变而影响到整体系统的稳定性。

## （二）城市图层系统的多维度特征

城市设计需要对城市空间进行多维度的认知，城市图层系统亦如此。城市图层系统暗含着时空联系的认知逻辑，不仅包含三维的城市空间，还包含时间维度，以及人类社会活动所产的象征维度等（图4-5）。

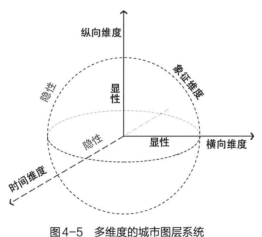

**图4-5 多维度的城市图层系统**

图片来源：作者自绘

### 1.基于城市设计实践的横向维度

城市图层系统首先应该包含可见的城市立体空间，属于横向维度和纵向维度。城市图层系统在横向维度上应适应城市空间的不同尺度；同样，不同尺度下的城市图层子系统的联系也是不同的。

城市图层应当与城市设计的各种实践项目相契合。目前，根据我国国土空间规划体系，可以将城市设计按照尺度划分为跨区域层面的城市设计（即都市圈、城镇群层面的城市设计）、乡村层面的城市设计、市县域层面的城市设计、中心城区层面的城市设计以及专项城市设计5个层级。城市图层系统应当从宏观、中观和微观尺度全面考虑，从跨区域层面的城市设计到专项城市设计，覆盖这5个层级的城市设计项目（图4-6）。不同尺度层次的城市设计项目，因其研究内容、目标和侧重点有所不同，所以其城市图层系统中的城市图层和要素是有所区别的。以城市水环境图层或子系统为例，在宏观的城市总体设计或区域总体设计尺度中，针对城市水环境图层或子系统的研究，因其存在水上物流运输的功能，就应考虑到水上货运、客运交通与运输要素的存在，同时城市水环境图层或子系统与城市交通图层或子系统会形成互相支持的联通关系；在中观的分区城市设计尺度中，水上货运这个城市要素的贡献程度和重要程度较弱，就可以不必考虑了；而在微观的街区城市设计尺度中，水上物流运输的功能可能是对水环境规划的负面影响因素，因此水上货运这个城市要素会被再次重点考虑，其内容主要有运输路线、货运码头与站点等；这时，城市水环境图层与城市交通图层可能会由宏观尺度的相互支持的关系转变为矛盾关系。

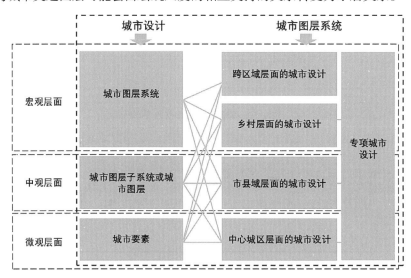

图4-6 城市图层系统与我国城市设计层次之间的关系

图片来源：作者自绘

与此同时，城市图层系统应该具有一定的弹性，以适应各种类型的城市设计项目，以及各种专项城市规划或城市设计，例如新城建设和旧城更新、海绵城市专题设计等。各种类型的城市设计项目应当根据其研究内容的不同，有针对性地选择所需的城市图层和要素，并且按照项目自身的研究侧重点，以及要素和图层的贡献度和重要程度，对所选择的各个图层和要素按照该项目特有的逻辑规则叠加权重，形成该项目特有的城市图层系统。不同的城市图层系统在不同的城市设计项目中，因为其起到的作用和贡献程度有所差异，所以其所包含的城市图层和要素以及内部的逻辑关系也是各有不同的，应依据项目的特征来进行图层和要素的筛选与隔离。城市图层系统在建立之后，是无法以一概全，覆盖所有的城市设计项目的。

### 2.基于城市地理环境的纵向维度

从古至今，人类进行城市选址与建造的时候，首要考虑的就是选址区域的自然地理环境，例如气候环境、地质地貌、地形地势、水文资源、动植物资源等，这些要素都是影响城市设计的重要方面。所以每个城市设计项目都需要考虑纵向维度上从土地基质（如地质、地形、地貌、水文等）到地表人工建设空间（如建筑、交通、基础设施等），再到大气圈层（如气候、空气污染等）这一纵向维度上包含的所有地理环境条件。

基于城市的自然地理环境，城市图层系统应当考虑城市设计涉及的纵向维度的各个城市要素和图层。影响城市设计的城市要素和图层按照纵向地球圈层的划分，可以分为地球内部圈层与地球外部圈层。地壳圈层是通过地质条件和地形地貌来影响城市设计的。其中地质条件包括地质、地下资源、洪涝灾害、河湖淤积、融冻作用、地质适建程度等；地形地貌包括地势坡度、堤岸坡度、高度、地块起伏、人工建造环境等城市设计要素。需要强调的是，人工建造环境也属于这一圈层，其要考虑的内容较多，例如建筑物、道路交通等方面，可以在城市设计项目中单独列成一个子系统或者图层。在地球外部圈层中，水圈层、生物圈层以及大气圈层都是与城市设计紧密相关的圈层（图4-7）。

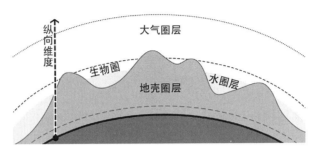

图4-7　城市图层的纵向维度与地球圈层的关系

图片来源：作者自绘

　　在城市图层系统中，水圈层这个层面需要重点考虑水环境等方面，主要包括地下水与地表水两方面对城市设计的影响。地下水主要包含水源位置、水源质量、水源流向、水源储量等要素；地表水主要包含水源地、地表水流域、流向、水质、水量、水体周边环境等要素。生物圈层是通过不同的生物活动影响城市设计，要强调的是，人的行为活动也是城市图层中在生物圈层这个层面需要考虑的。生物圈层主要包括动物、植物以及人的活动3类要素和图层。最后是地表之外的大气圈层，主要通过气候与空气环境条件来影响城市设计，其中气候包括温度、湿度、降水量、城市风环境、城市热岛效应、局部环境的微气候等，空气环境则主要考虑空气污染等方面。城市图层系统应考虑上述各个纵向地球圈层与城市空间形态之间的关系（表4-1）。

城市图层系统内的纵向地球圈层要素　　　　　　　　　表4-1

| 圈层 | | 城市图层或子系统 | 城市设计要素及内容 |
|---|---|---|---|
| 地球内部圈层 | 地壳圈层 | 地质条件 | 地质、地下资源、洪涝灾害、河湖淤积、融冻作用、地质适建程度等 |
| | | 地形地貌 | 地势坡度、堤岸坡度、高度、地块起伏等强调地表人工建设空间（如建筑、交通、基础设施等） |

| 圈层 | | 城市图层或子系统 | 城市设计要素及内容 |
|---|---|---|---|
| 地球外部圈层 | 水圈层 | 地下水 | 水源位置、水源质量、水源流向、水源储量等 |
| | | 地表水 | 水源地、地表水流域、流向、水质、水量、水体周边环境等 |
| | 生物圈层 | 动物 | 生物链、动物栖息与迁徙等<br>强调人类活动 |
| | | 植物 | 植被绿化、景观设计等 |
| 地球外部圈层 | 大气圈层 | 气候条件 | 温度、湿度、降水量、城市风环境、城市热岛效应、局部环境的微气候等 |
| | | 空气条件 | 空气污染等 |

表格来源：作者自绘

### 3.基于城市时空演进的时间维度

城市是渐进形成的，所以城市图层系统包含时间演进的逻辑线，具有动态演变的特征，这是城市图层与其他城市设计图示语言的重要区别之一。没有对过去的回顾，也就不可能认清未来[256]。由于城市是动态的、可生长的，所以城市图层系统还应对城市空间进行长时段的思考。城市图层系统应当最大限度地顺应时间变化的影响，应当以城市的历史为研究基础，梳理、分析城市的发展规律，找出对城市物质空间影响较大的城市要素和图层，同时明确哪些图层具有动态性。

城市图层系统基于时间维度上，可以呈现出3种类型的城市要素或图层的变化和关系。首先，城市图层系统可以阐述多个城市要素或图层在同一时间切片上的共时性状态，即多个城市要素或图层的静态信息的呈现（图4-8）。其次，城市图层系统可以阐述单一城市要素或图层以时间为单一变量进行的历时性演化，分析单一的城市图层或要素与时间变化的关系（图4-9）[97]。最后，城市图层系统还可以分析相互关联的多个城市要素或图层中，随着时间的变化，每个要素或图层的变化趋势、要素或图层间内部关系的变化，以及要素或图层间随着时间演进而改变的作用机制（图4-10）。

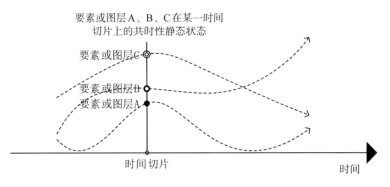

图4-8 多个城市要素或图层在某一时间切片上的共时性静态状态示意图

图片来源：作者自绘

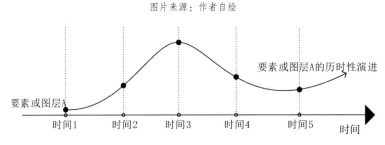

图4-9 单一城市要素或图层的历时性演进示意图

图片来源：作者自绘

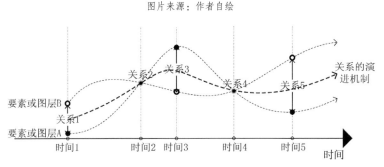

图4-10 多个城市要素或图层随时间演进而产生的关系变化

图片来源：作者自绘

## 4.基于人类行为模式的象征维度

除了我们经常考虑的可见的城市物质空间、建筑、生态环境、基础设施等实体维度外，由于城市空间是用于承担市民生活以及精神需求的地方，所以城市图层系统也应该包含空间的象征维度，例如场所精神、心理认知空间等。图层的本质是将信息符号化、图示化，这样更加便于表达城市的象征性信息。城市的象征维度主要包括场所、人类心理感知与评价、人类生活活动以及社会关系等方面。

场所不是通过城市才创建起来的，相反，城市是通过场所构建起来的[124]。海德格尔认为场所与建筑物是共生的，场所精神的载体是建筑物和空间，建筑物和空间的特性又赋予不同场所不同的特质。场所作为城市的意义空间，与城市的网络组成了大部分的城市外部空间。所以，城市图层系统在物质空间层面需要考虑城市场所的实体关系及象征内涵。

人类的生活活动以及社会关系对城市设计起到了重要作用，如何将这二者与城市空间建立对应的关系，一直是城市社会学家的研究重点。其中"社会学图绘""人类时空活动图解"和"社会分层"等社会学研究方法为城市图层系统在该方面的研究提出了相应的技术支撑，使得城市图层系统可以将这种高度抽象化的象征性要素进行空间信息再现。同样，城市设计的参与者不仅仅是政府相关部门和规划工作者，还应该包括城市空间的使用者[257]。城市图层和要素的表达与呈现是以城市的地理图像为基底，可以更加简单地表达市民活动以及市民心理感知与评价，便于对城市设计方案提出建议。对于人类心理感知相关的城市图层与要素，规划设计师可以运用认知地图、心理地图等研究方法进行表达与分析。

场所精神、人类心理感知与评价这两个城市图层都是抽象的，并且依赖于主观的集合形态，需要运用具体的表现形式来进行呈现。而城市图层的表达最终会运用到高度抽象的图示化语言，便于这种象征维度的城市图层或要素与城市空间建立对应关系，将信息呈现于图纸之上。城市图层系统并非图示语言的集合，而是人与人之间的一种社会关系，以及城市空间与社会间的关系，通过图像的中介而建立上述关系，便于呈现人类生活活动、社会关系的时空轨迹。城市图层系统正是上述这些敏感关系的集合与体现。

### （三）城市图层系统的半透明性特征

"半透明性"（translucence）一词于《韦氏新国际词典》中的解释为"物体只能透过一部分可见光，但不能通过它清晰地观察其他物体的性质"。其不同于"透明性"（transparency）与"不透明"（opaque），"半透明性"是介于这两种特性中间的一种特征，并且其透明程度具有很大的弹性空间，涵盖了从0-100%的透明程度。

在建筑设计及城市规划领域中，"半透明性"特征可被表达为"现象透明性"（phenomenal transparency）和"褶子"（fold）。现象透明性可以表达空间背后被隐匿的部分，重视图与底中的底。各种物质中存在的相互作用与发展的过程，即打开褶子与折叠褶子的过程，也称"摺叠"（folding）[258]。这两种"透明性"的概念，与城市空间和城市图层系统的半透明性特征较为相似。在建筑设计与城市规划中，半透明性这种特征一般用于描述空间关系。城市空间本就具有物理透明性和现象透明性。城市空间的半透明性使得空间具有层次结构，空间基于这种层次结构和清晰的组织机制，得以组织起来。

半透明性在城市图层系统中，可以用于呈现两种或多种图层、形式或空间混合而产生的模糊空间，不同于拼贴（collage），是折叠，用以表达两种图层、形式或空间相互介入，产生联系。某些要素同时属于两个或以上的子系统或图层之中，在这些子系统或图层中，都具有相同的空间位置，既属于这一个子系统或图层，也属于那一个子系统或图层。半透明性的特征除了呈现出来的内容，还强调了一种"隐藏的力量"，即"隐匿"（obscurity）[259]。在城市图层系统中，半透明性的特征便于揭示空间中曾被忽略的隐性空间、图层和要素，同时描述显性空间与潜在隐性空间的对立与统一。

城市图层系统在城市设计中的应用还有一个重要的功能，就是对于城市空间要素的表达。表现抽象空间内的要素，需要运用现象的透明性及

144

半透明性特征，将这些抽象的空间要素表达成为图底关系。城市图层系统提供了一种对于城市设计中城市空间的理解与认知的工具，同时能在设计过程中引发关于形式的理性处理。由于城市图层系统的半透明性使得多层次、多元化的解读变得易于表达与阐述，所以可以促使城市规划师考虑到更多人群对城市设计及城市空间的解读，促进市民参与，成为城市设计决策的一部分。

### （四）城市图层系统的复杂关系特征

任何系统内的关系，都无法用要素间的简单相加来进行表达。城市设计中的城市图层系统的分类，需要结合城市的功能、人文、经济、社会等方面，考虑其各种城市空间的关系来进行深入的剖析。城市图层系统的研究主体，即各个城市要素和图层之间的关系不是简单的叠加关系，而是主体之间的相互适应及耦合关系。城市系统内各个要素和图层之间具有多种级别的关系，并且这些关系是多种多样的。

多样性，并非失去整体而仅剩碎片，而是在预先设定的系统中发掘出更多的可能与潜能。复杂性系统可以通过"隔离"，将矛盾性与对抗性统一于系统之中，使得整个系统内部存在一种"自由的"差异。这样城市图层系统内部不需要绝对的一致性，系统内部所有的城市图层与要素也不需要完全服从于固定的模式与规则，而是在一定的逻辑框架内形成一个统一体[260]。

城市图层系统的复杂性特征主要是由于其内部关系的多样化与复杂化而产生的。城市图层系统内部的关系除了复杂性特征，还具有非线性特征。城市图层系统内部包含城市图层与城市要素两个大的层级体系，其内部的关系有3个层级，一是图层与图层间的关系，二是图层与要素间的关系，三是要素与要素间的关系（图4-11）。

首先，图层与图层之间的关系。城市图层系统可以分为不同的子系统，系统内部的图层也存在着一定的等级关系，按照其对城市设计所具有

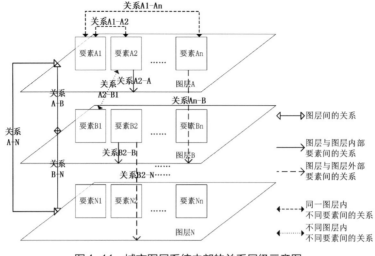

图4-11 城市图层系统内部的关系层级示意图

图片来源：作者自绘

的重要程度来进行划分。不同等级城市图层在城市设计的规划与实施中起到不同级别的作用，有的是领导作用，有的是辅助作用，因此这些图层的建设实施是有先后主次之分的，一般是等级高的图层先实施，但是由于设计实施的实际问题，同等级的城市图层也不是同时进行实施的（图4-12）。

图层与图层之间存在着一种相似关系，基于图层间相似的现象本质，

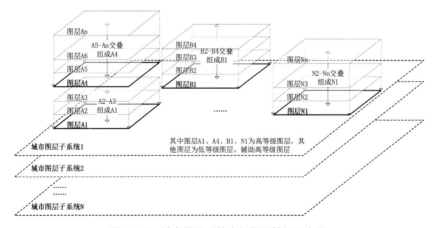

图4-12 城市图层系统内部图层等级示意图

图片来源：作者自绘

以及系统内部的演变动力与规律，将图层组织成图层系统。许多城市图层之间具有一种同源关系，这种同源性来自这些图层都是城市设计中城市空间的剖析产物，具有共通的信息载体，基于这种同源性与共通的信息载体，将不同的城市图层以有序的结构与组织方式组成城市图层系统。此外，城市图层系统内部的图层具有一定的共适性关系，即这些图层之间需要相互协作、适应、互补、交叠，以使得城市图层系统能够良好运转。

其次，城市图层与城市要素间的关系。此处的要素分为两类，一是图层A内部的要素A1、A2等之间的关系，二是图层A外部与图层A相关联的要素B1、C3等之间的关系。图层内部的要素通过簇群交叠形成相应的图层，其图层与要素具有直接且明晰的包含关系，并且通过图层内共通的信息载体，将要素的信息投射于图层之上（图4-13）。图层与图层外部要素间的关系多为隐性关系，要素An虽然权属于图层A，对图层A的影响较大，但其通过与图层B中某些要素Bn产生关系而间接影响着图层B的发展，这时要素Bn与图层A之间就存在着一种隐性关系（图4-14）。

最后，城市要素与要素间的关系。城市要素与要素间的关系分为某一个图层（图层A）内部的要素（A1、A2、A3…An）间的关系，以及属于不同图层（图层A、图层B）中不同要素（A1、B2等）间的关系。图层内部的要素遵循格式塔心理学的"群化原则"中的临近原则，具有一定的内

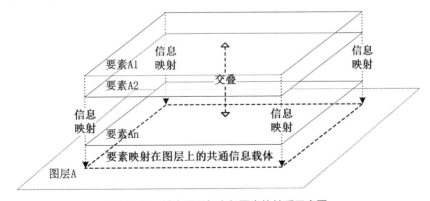

**图4-13　城市图层与内部要素的关系示意图**

图片来源：作者自绘

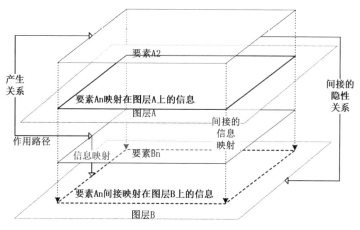

图4-14　城市图层与外部要素的关系示意图

图片来源：作者自绘

聚力，易于被感知为一个整体。同样，这些要素还具有连续关系和共适关系，基于共通的信息载体，按照一定的图层内部的规则和逻辑秩序组织成一个有机整体。不同图层的要素间的关系一般是由于城市设计项目类型不同，使得相应的城市图层系统的结构有所差异而产生的，其要素间的关系多为隐性关系。

第五章

城市设计中城市
图层系统的构成

城市设计中的思想来源于历史理论。基于第二章城市设计中的图层研究溯源，第三章科学、哲学、学理认知下的城市图层思维的思考，以及第四章提出的城市图层和城市图层系统的概念与特征，可以对城市图层系统的思想来源与特征进行详细的探讨，分析城市图层及要素的生成逻辑，以此初步形成城市图层系统的内容与研究体系。

## 一、城市图层及要素的生成逻辑

对于城市设计中城市图层系统内的图层与要素的生成与推演，需要从两个方面来进行推导。首先是自下而上的对城市设计的产生与发展进行历时性的梳理，归纳出不同时期城市设计中的城市图层与要素的形成过程。而后，应该从我国的国情与政策出发，自上而下分析我国相关的城市设计理论、政策与技术文件内的导控要素，从实践角度完善城市设计中城市图层系统内的图层与要素（图5-1）。

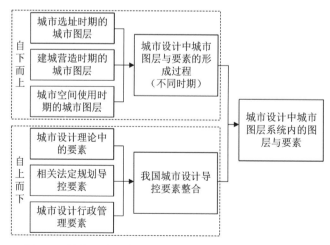

图5-1　城市设计中城市图层系统内图层及要素的生成逻辑

图片来源：作者自绘

## （一）城市设计中城市图层的形成

### 1.不同时期城市图层的形成逻辑

城市设计覆盖了最早的人类群居以进行建城选址，到建城营造再到后期的城市重建以及城市建设与更新的全时段，所以城市设计中的各个城市图层也是自古随着建城的时间脉络逐步产生的。城市建设的每个过程及步骤，即城市各个图层产生的根本原因。这些城市图层不仅随着城市建设的逐步发展而形成、更新，同时图层之间也开始产生各种关系。因此，建立城市设计中的城市图层系统框架，需要梳理城市建设和人类活动的各个过程，将上文"城市图层系统的多维度特征"中阐述的城市图层的不同维度耦合在城市建设的时间脉络中，理清城市图层和发展与城市建设的过程与时间的关系，形成初步的城市图层系统框架（图5-2）。城市选址时期，人们主要考虑城市所在地的自然地理条件，例如土地的地形地貌、水体流域、山脉走向等要素，这些要素均属于纵向维度的城市图层。同时，由于古代人们对于宇宙或宗教等信仰的追求，在城市选址的过程中也会融入一些象征性、意义性的思考，即象征维度的城市图层，但这并不是这一时期重点考虑的图层及要素。随后在建城营造时期，由于人工建设的干扰，城市设计开始更多地考虑横向维度和时间维度的图层。随着城市建设的不断更新及空间使用，象征维度和时间维度的城市图层在城市设计中较为重要，同时在城市更新中也要考虑人工建设所影响的横向维度的城市图层。

以城市水环境图层为例，古今中外，城市建设与水系具有强烈的相

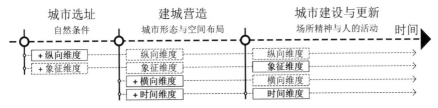

**图5-2 城市图层发展与建城脉络的关系**

图片来源：作者自绘

互影响、相互制约的关系。顺着城市建设的时间脉络，可以发现水系与城市选址、城市发展、城市空间形态、城市功能等相互耦合。城市水环境图层是随着城市发展而逐渐产生并且不断更新的。因此，建立城市设计中的城市水环境图层，需梳理从古至今城市建设期间城市与水的各种关系。下文将从城市选址、建城营造以及市民使用方面进行研究，通过提炼出相应的要素，运用城市设计的逻辑关系，整合成每个时期所产生的城市水环境图层，并以北京市滨水空间城市设计为例，进一步解释城市水环境图层。

首先，城市选址时期形成了纵向维度和象征维度的城市图层。其次，城市建成营造时期，保留了选址时期形成的纵向维度和象征维度的城市图层，还增加了新的横向维度和时间维度的城市图层。同时，这一时期的纵向维度和象征维度的城市图层也和选址时期有所不同，有部分纵向维度和象征维度的新图层形成，也有部分选址时期的图层发生了特征、内容上的变化。最后，城市建设与更新时期的城市图层系统，较城市建成营造时期的城市图层系统又增加了一些时间维度和象征维度的城市图层。下文将以城市水环境图层为例，结合北京市滨水区总体城市设计项目的实践进行详细阐述。

**2.城市选址时期的城市图层——以水环境图层为例**

古代先民在选址时，都会首先考虑水源这个因素，依水建城，便于取水。在古代，水系具有供水、物流、灌溉以及军事防御屏障等功能，同时也给城市带来了洪涝灾害、河湖淤积等问题[261]。由于人类的聚居模式及位置会受到水源地的影响，所以古代的城市多为因水生城，在城市选址的时候会考虑水系的自然条件，这时就产生了城市图层中的纵向维度。

城市选址在中国古代又称为"相地之术"，或"堪舆"，即中国传统五术之一的风水学，是用于临场校察地理的方法。风水学将古代的天文、气候、大地、水文、生态环境等内容都考虑在城市选址之中，尤其是水文条件，古人认为水是万物之源，"山气盛而水气薄者，仅为政治中心；水气盛而山气薄者，则为经济枢纽"，选址最好选于山水两相宜的地方。几乎所有中国古代的聚居地都建筑在河边台地之上，除了是对农作物的耕种、生产生活的用水以及食物捕捞等方面的考虑外，还是因为中国古人对于宇宙的信仰，认为水是形成龙气，并使其蓄积居留的地方，是龙脉的象征，也是财、物、信息流动等方面的象征，更是才华智慧的象征，这就形成了最初的象征维度的水环境图层（表5-1）。

城市选址时期形成的城市水环境图层　　　　　　　　表5-1

| 维度 | 城市图层系统 | 水环境图层 | 城市设计要素 |
|---|---|---|---|
| 纵向维度 | 地壳 | 地质条件 | 洪涝灾害、河湖淤积、融冻作用、地质适建程度、滩涂湿地等 |
| | | 地形地貌 | 堤岸坡度、高度、地块起伏等 |
| | 生物圈 | 动植物 | 植被、动物等 |
| | | 水城关系 | 水功能、人的行为活动等 |
| | 水圈层 | 地下水 | 地下水的位置、地下水源等 |
| | | 地表水 | 水源地、地表水流域、流向、水量、蓄滞洪区等 |
| | 大气层 | 水与气候 | 温度、湿度、降水量等 |
| 象征维度 | 宇宙信仰 | 意义象征 | 风水方位象征、精神象征、财物象征、信息流动象征等 |

表格来源：作者自绘

　　以北京市滨水空间城市设计为例，在城市选址时期，北京城最早的城址是蓟，是战国时期燕国的都城（公元前475—公元前221年）。当时北京城的选址位于华北大平原的西北端，三面环山，北临车厢渠，南邻漯水，形成了一个临水的小平原，并且有高粱河穿过城区（图5-3）。从气候环境上看，北京城是华北地区降水量最多的地区之一，温度湿度适宜。从水环境上看，北京城的地下水储量相当丰富，凿井汲水，非常方便，北京城的地表水资源为邻近的永定河与稍远一些的潮白河。这些都是影响到北京城选址的城市设计要素及水环境图层。

　　图5-3（a）表示了北京选址时期的水城关系图层，可以看出，北京原本有三条水道——北部的车厢运河、南部的漯水河（现名永定河）和中部

的高粱河（现名长河）。同时，北京四面环山、面临水道的地块布局符合中国古代风水学中"一水带三山"的概念[262]。

图5-3（b）表示了北京选址时期的水功能图层，可以看出，漯水河和高粱河为城市提供了水源，而车厢运河和沥水河则具有防御功能。除了地形和水源的优势，北京的水体还提供了舒适的气候，如适中的湿度和温度。

（a）水城关系图层　　　　　　　　　（b）水功能图层

图5-3　北京城市选址时期的水环境图层示意图
（战国时期，公元前475—公元前221年）[263]

图片来源：结合参考文献[263]修改绘制

### 3.建城营造时期的城市图层——以水环境图层为例

相较于城市选址时期，城市水环境在建城营造的时候对城市的空间影响更大一些，所以在这一时期形成的城市水环境图层多为与城市空间有关的要素与图层。在城市的形成初期，即选址后的新城建设过程中，水环境对城市设计的影响主要有以下几个方面：宏观层面上，通过水源地的位置、地表水的流域、流向及形态等方面影响整体城市格局；中观层面上，由于不同区域的城市水体在城市中承担的功能不同，导致水体周边城市空间的功能及形态布局有一定的差异性；微观层面上，水体及岸线的形态模式影响水体周边一定范围内的空间模式及街区结构。所以在此时期的城市设计中增加了横向维度的城市水环境图层。

在城市建城之后，由于时间不断地发展，城市需求不停地改变，城市会进入一轮一轮的规划设计以及城市更新的阶段，在这个漫长的城市发展时期，城市水环境又被赋予了相应的时间意义及历史内涵，即城市图层的时间维度。这样一来，城市设计中就增加了城市水系演变图层，以及其他水环境图层（表5-2）。

建城营造时期形成的城市水环境图层　　　　　　表5-2

| 维度 | 城市水环境图层 | 城市设计要素 |
| --- | --- | --- |
| 横向维度 | 总体城市设计层面水城关系 | 城市水环境生态安全格局、城市地表水流域、城市地下水分布、城市水功能等 |
|  | 分区城市设计层面 | 水体与城市空间布局、水体与城市生态景观空间、水体与视线等 |
|  | 地块城市设计层面 | 水体周边街区模式、滨水空间、岸线、天际线等 |
| 时间维度 | 城市水系演变 | 城市水功能演变、地表水分布演变、地下水分布演变等 |

表格来源：作者自绘

除了横向维度和时间维度的城市图层，纵向维度和象征维度的城市图层也同时存在。但由于在建城营造时期，城市的人工建设对原始城市选址时期纵向维度的自然条件进行了覆盖及更改，所以对城市最原始的自然条件在这一时期并不做最重要的考虑，取而代之的是城市建设过程中的地质条件和地形地貌等要素。象征维度的城市图层随着城市的不断建设也在不断地变化和更新，不同时期，市民对城市产生的空间感受、象征性的心理意义，以及城市空间的场所精神都是不同的，是随着该时期的政治、宗教、信仰、社会分层、生产生活需求等方面的改变而变化的。

以北京市滨水空间城市设计为例，在城市营造时期，首先是在汉代（公元前202—220年）和三国时期（220—280年）被称为蓟州和幽州的时期，北京进行了第一次大规模的运河建设，改变了水城关系和水功能。城市利用温榆河作为漕运功能，从永定河开渠引水入城，提供水源和灌溉，修建兰陵堰作为防御功能，并开凿车厢渠，与高粱河相连（图5-4）。这一时期水城关系更加密切，水功能开始增加。

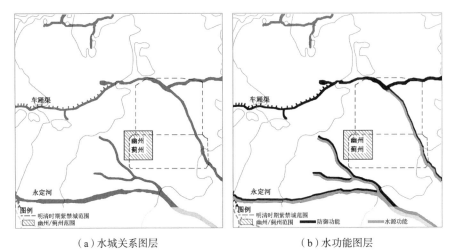

（a）水城关系图层　　　　　　　　（b）水功能图层

**图5-4　北京建城营造时期的水环境图层示意图**
（汉代，公元前202—220年和三国时期，220—280年）
图片来源：结合参考文献[263]修改绘制

　　其次，在隋唐时期（581—907年），北京城修建了连接卫河的永济渠，成为后来大运河的典范，建立了水运系统。金代（1115—1234年），北京成为金国都城，称中都，并发展成为一座皇城，位于现在的北京城西南区域。城周围建有通惠河和护城河。通惠河具有水源和排水功能，护城河具有水源、防御和景观功能。金中都建立了完整的排水防涝水系。在这些改造的基础上，北京形成了以永定河和高粱河为主的水系格局，至今仍在延续（图5-5）。

　　再次，在元代（1271—1368年）随着城市的扩张，北京作为元代都城，称为元大都，进行了大规模的水系建设，在紫禁城内外建立水源，尤其是北部的高粱河水系（图5-6）。随着后来朝代的建设，北京城在明清时期形成了相对稳定的城市整体水格局，与现在的北京城相近。这一时期的水系主要用于景观功能，尤其是新建的皇家场所设施，如颐和园。

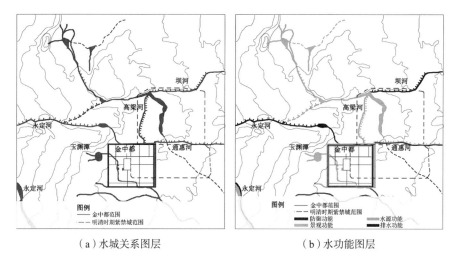

（a）水城关系图层　　　　　　　　　　　（b）水功能图层

图5-5　北京建城营造时期的水环境图层示意图（金代，1115—1234年）

图片来源：结合参考文献[263]修改绘制

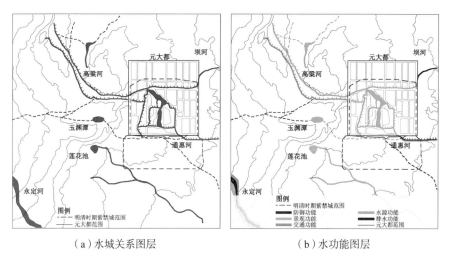

（a）水城关系图层　　　　　　　　　　　（b）水功能图层

图5-6　北京建城营造时期的水环境图层示意图（元代，1271—1368年）

图片来源：结合参考文献[263]修改绘制

　　在建城营造时期，北京城的水环境图层经历了重大变化，北京城的水系对城市整体空间布局和街区空间结构等方面也产生了一定的影响。元大都新城是以水体为城市中心来进行城市格局规划的。随后的明清时代的都城规划都延续了元大都的"以水定城"的概念，所以，元明清时期北京城的轴线贯穿自然水系，北京城以水体为核心进行规划，整体城市布局结合山体与水体，顺应地形地势的发展。在宏观尺度上，北京的城市形态从古至今都是以水道为基础建立起来的，城市空间的中轴线就是水体；故宫的空间规划结构也是以水为中心的。在中观尺度上，北京街区的空间布局规划也考虑了水体和地形，如临水的街区，形成了许多倾斜的街道。从此可以看出北京城在建城营造时期，水对城市空间布局的影响，因此，北京的城市水环境图层在建城营造时期增加了对城市格局、空间结构等方面的考虑。

**4.城市建设与更新时期的城市图层——以水环境图层为例**

城市营造后期，除了不断地进行城市建设的更新之外，城市空间开始被市民所使用，这一时期城市设计中象征维度和时间维度的城市图层的重要性就逐步地凸显出来。

城市建设与更新时期的象征维度的城市图层与最早城市选址时期的象征维度的城市图层有所不同，这一时期的象征维度中，由早期的宇宙信仰、宗教崇拜等方面转向人类活动与城市空间之间的关系。以城市水环境图层为例，人与城市水环境通过市民在城市水体及滨水空间进行活动产生了一系列的互动，此时市民的使用赋予了城市水环境及其周边空间一定的场所意义，城市设计应开始考虑城市水环境中的人类活动以及场所精神。城市水环境图层开始强调象征维度。从人的活动角度，城市水环境图层应该考虑滨水活动、活动设施与场地、活动空间服务半径等城市设计要素。场所精神层面则包含城市文化内涵、历史意义、邻里关系等要素。而时间维度的城市图层同样应该考虑城市水系的演变，强调人类活动与水系之间的时间变化关系，例如城市水功能的演变，以及城市滨水空间活动的演变等要素（表5-3）。

在城市建设与更新阶段，水体层和水城关系层是稳定的，而水功能层则变得关键而复杂。明清时期（1368-1911年），城市滨水区开始有了更多的人类活动（图5-7）。到了民国时期，滨水区的活动开始呈现季节性特

| 维度 | 城市水环境图层 | 城市设计要素 |
|---|---|---|
| 象征维度 | 人的活动 | 水功能、滨水活动、活动设施与场地、活动空间服务半径等 |
| | 场所精神 | 城市文化内涵、历史意义、邻里关系等 |
| 时间维度 | 城市水系演变 | 城市水功能演变、城市滨水空间活动的演变等 |

表格来源：作者自绘

征：冬季滨水区提供滑冰等休闲活动，其他季节提供航运、跑步、健身、垂钓、唱歌等活动。如今，北京的水功能主要分两部分，市区范围内多为景观和排水功能，城市外围乡村区域主要为水源功能。目前北京所有水岸都具有景观功能，滨水空间承担了城市文化内涵、历史意义的展示以及邻里关系的互动等功能（图5-8）。只有昆玉河仍作为水上交通手段，但更多的是用于观光而非交通（图5-9）。

随着城市的发展，水系也在进一步发展，水城联系变得更加紧密。在城市选址阶段，水功能只有水源功能和防御功能；随着城市的建设，水功能变得更加多样化，包括防洪、景观、交通等。随着城市结构的稳定，交通和防御功能逐渐减少。由于城市发展对生态环境的破坏，目前只

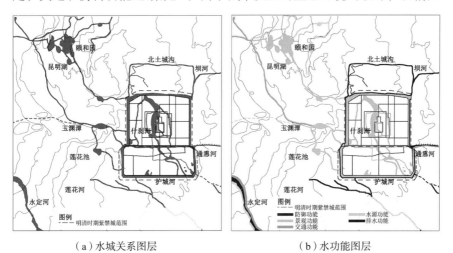

（a）水城关系图层　　　　　　　（b）水功能图层

图5-7　北京城市建设与更新时期的水环境图层示意图（明清时期，1368—1911年）

图片来源：结合参考文献[263]修改绘制

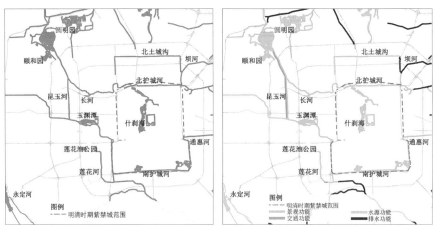

（a）水城关系图层　　　　　　　　（b）水功能图层

图5-8　北京水功能图层现状

图片来源：结合参考文献[263]修改绘制

（a）北护城河的场所精神（2018）　　　（b）北护城河的垂钓功能（2018）

图5-9　当今北京滨水空间使用

图片来源：作者自摄

有一种水源功能的水系逐渐向城外迁移，而城区水系逐渐发展为具有景观功能和防洪功能（图5-10）。

## （二）城市图层系统中的导控要素整合

### 1.城市设计理论要素

基于第4章及所梳理的与城市图层相关的城市设计理论，从理论层面对城市设计中的城市图层以及城市要素进行选取，详见表5-4。

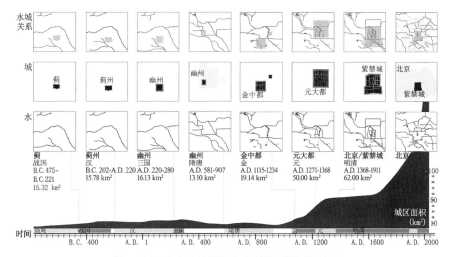

**图5-10 北京水体图层和水城关系图层的演变**

图片来源：依据参考文献[263]改绘

城市设计理论中城市图层及要素一览表　　　　　　表5-4

| 图层子系统 | 图层组 | 图层 | 要素 |
| --- | --- | --- | --- |
| 物质空间 | 城市结构 | 城市空间结构 | 城市功能分区、城市结构网络、城市结构关系、城市总体格局等 |
| | | 二维城市平面形态 | 用地单元与地块的平面格局、街区和地块格局、建筑与建筑的布局和组合关系、街道与街道网络、街区的平面布局等 |
| | | 三维城市空间形态 | 场地、上部结构、内容物、建筑、物体、城市高度控制等 |
| | 人工建设 | 交通体系 | 城市快速路、机动车交通、慢行交通、轨道交通、交通换乘及枢纽、公共交通系统、桥梁及地下通道等 |
| | | 公共空间 | 主要街道与广场空间、建筑物内部公共空间、建筑物外部的公共空间等 |
| | | 土地使用 | 用地性质、公共土地与私有土地、建设用地与非建设用地、待规划建设空地等 |
| | | 建筑物形态 | 建筑形式与体量、建筑细部、建筑周边环境和连接空间等 |
| | | 城市特色要素及空间 | 城市时区分布、地下空间、广告空间及标志、股市金融经济、房价、特殊交通分布等 |

| 图层子系统 | 图层组 | 图层 | 要素 |
|---|---|---|---|
| 物质空间 | 建设条件 | 地质条件 | 洪涝灾害、河湖淤积、融冻作用、地质适建程度等 |
| | | 地形地貌 | 水系分布与格局、山体分布与格局、建设场地的坡度与高度、地块起伏等 |
| | | 动植物条件 | 动物、植物等 |
| 生态空间 | 生态景观 | 宏观生态规划 | 城市生态格局、生态保护区、生态基底、生物链和动物栖息地等 |
| | | 中微观景观设计 | 景观布局、景观与周边环境的联系、景观视点、植物配置、夜景观照明、生态可持续策略等 |
| 抽象空间 | 心理认知 | 城市意象 | 路径、边缘、地区、节点、地标等 |
| | | 认知地图 | 知觉空间、存在空间、认知空间、情景空间、意象空间、理想空间、场所精神等 |
| | 社会空间 | 社会图绘 | 社会分层、社会时空分布、人群意识形态、社会感知空间等 |
| 时间维度 | 历史文脉 | 历史保护与城市文脉 | 文脉、场所、纪念物、遗产保护区的街道与街区、历史保护建筑与片区、特色街道等 |
| | 时间演进 | 历时性规划 | 城市发展与历史演变、各个城市图层或要素的演变、不同时期共存的建筑物和公共空间、时空规划、近中远期规划等 |

表格来源：作者自绘

### 2.相关法定规划导控要素

与城市设计息息相关的法定规划即为控制性详细规划，控制性详细规划中提出的控制要素体系是较为完善的，直接指导城市设计，是城市设计中城市图层及要素的重要组成部分。在《城市规划编制办法》和《城市规划编制办法实施细则》中提出"控制性详细规划主要包括土地开发指标、配套设施、城市设计、交通系统、市政系统和其他，共6项控制内容"。控制性详细规划分为规定性指标（即强制性指标）与指导性指标两类，其中用地性质、建筑密度、建筑高度、容积率、绿地率、基础设施和公共服务设施配套等土地开发强度指标为强制性指标，其他的指导性指标内容可以依据各个地方的城市特色与政策管理来进行细节深化。

各个地方也根据自己的地方政策与特色进行了控制性详细规划指标的细化，例如表5-5所示为上海市和天津市控制性详细规划编制中对导控要素的要求及分类。控制性详细规划提供的是导控要素，需要对其进行自下而上的整合与分类，使其形成相应的城市图层体系。

上海市和天津市的控制性详细规划导控要素　　　　表5-5

| 城市 | 规划编制文件 | 强制性导控要素及内容 | 指导性导控要素及内容 |
|---|---|---|---|
| 上海 | 《上海市控制性详细规划技术准则》 | 用地界线、用地性质、容积率、混合用地建筑量比例、建筑高度、住宅套数、配套设施、建筑控制线、贴线率、其他各类控制线 | 生态环境、综合交通、市政设施、防灾避难等 附加建筑形态、公共空间、道路交通、地下空间、生态环境等内容的指导与图则 |
| 天津 | 《天津市控制性详细规划技术规程》 | 用地性质、建筑密度、容积率、建筑高度、基础设施和公共服务设施配套规定 | 市政设施、城市安全、地下空间、城市设计指引、城市道路交通系统等 |

表格来源：作者自绘

### 3.城市设计行政管理要素

我国各个省市、地区制定的城市设计管理文件根据各地的城市特征与管理方式，对不同尺度下的城市设计导控要素和管控内容进行各自规定，每个地区不尽相同，各有侧重。这些城市设计管理文件主要包括城市设计导则编制内容、城市设计导则的指导意见、修建性详细规划编制内容等。本书主要以《关于编制北京市城市设计导则的指导意见》《北京市城市设计导则编制基本要素库》和《北京市城市设计导则2010》这3个文件为主，辅以黑龙江省、江苏省、福建省、浙江省的城市设计管理文件内容，对其中的城市设计要素进行整理与分类，梳理出我国城市设计行政管理所涉及的城市设计要素（表5-6）。

各地城市设计管理文件中的城市设计要素　　　　　表5-6

| 分类 | 城市设计要素 |
|---|---|
| 城市公共空间体系 | 公共空间属性、公共服务设施、交通设施、市政设施、安全设施、无障碍设施、生态可持续策略、地下空间 |
| 道路交通系统 | 道路类型、道路交通组织、人行及过街通道、道路交叉口形式、道路隔离带设置、机动车禁止开口路段、地块出入口、停车设置 |
| 生态景观空间 | 植物配置、滨水空间、生态保护、岸线类型、水体要求、水域相关构筑物、地面铺装、夜景观、公共艺术、广告标牌、导向标识 |
| 城市形态 | 城市空间形态、用地功能、地块细分、界面控制 |
| 建筑形态设计 | 建筑退线与建筑贴线、建筑功能细化、建筑高度细化、高点建筑布局、沿街建筑底层、地下空间、建筑出入口、建筑衔接、建筑体量、建筑立面、建筑色彩、建筑材质、建筑屋面形式、建筑附属物、历史建筑 |

表格来源：作者自绘

## 二、城市图层系统的构成

　　根据上文提出的城市图层及要素的生成逻辑以及相应的研究分析，可以建立城市设计中城市图层系统内的城市要素及城市图层库。由于不同的城市设计项目或研究具有不同的特征，所以每个城市设计项目或研究所选择的城市图层及要素也应该根据相应的特色、侧重点、设计尺度等而有所不同。这样说来，城市图层系统框架相当于一种描述性的、提纲挈领的语言，而非一个一成不变的表格。城市图层系统是由生态空间系统、物质空间系统和抽象空间系统3个方面所构成的。

　　首先，基于城市设计中城市图层的形成中阐述的不同时期城市图层的形成过程，将城市图层系统分为生态空间系统、物质空间系统和抽象空间系统3个方面。然后，基于城市图层系统中的导控要素整合的内容，对城市要素进行筛选并分类，形成城市图层系统的框架。再基于我国国土空间规划中提出的"从人与山水林田湖草沙生命共同体的整体视角出发，……系统改善人与环境的关系"的原则，优先考虑与生态环境相关的图层与要素，将其从城市的物质空间中提出来，单独作为一个城市生态空间图层系统优先进行考虑。随后，再将其他的城市图层和要素分为城市物质空间图层系统和城市抽象空间图层系统。

## （一）城市生态空间图层系统

生态空间也是城市物质空间的一部分，在城市建设中起到了极其重要的作用，在城市规划与设计中的地位较高，也是城市设计中探讨最多的专项城市设计，所以生态空间系统是城市设计中城市图层系统的优先组成部分。生态空间系统包含城市设计生态基底图层组与生态景观图层组。生态基底图层组是指项目建设前场地内的各种建设条件，包含地质条件图层和地形地貌图层。生态景观图层组包含生态环境图层和景观结构图层，其内部部分图层与要素也具有物质空间系统的特征，但其对于生态空间的作用意义较大，所以归类为生态景观图层组。

### 1.生态基底图层组

生态基底图层组主要包含建设场地的地质条件图层和地形地貌图层，其中地质条件图层包含地质灾害、基地土质、河湖淤积、融冻作用、地质适建程度等要素；地形地貌图层包含水系分布与格局、山体分布与格局、建设场地的坡度与高度、地块起伏等要素。

生态基底图层组在宏观总体城市设计项目、中观地区城市设计项目、微观尺度的地块城市设计项目以及专项城市设计项目中均有体现，根据城市设计项目的尺度不同，选择相应尺度的城市要素和图层。生态基底图层组一般适用于城市的新建区域，旧城改造或城市更新项目则是在先期的人工建设图层组之上进行进一步的规划与设计，所以生态基底图层组对其起到的作用不大。

### 2.生态景观图层组

生态景观图层组包含生态环境图层和景观结构图层（表5-7），其中生态环境图层主要是指城市生态格局、生态保护、可持续发展、生态基底、生物链和动物栖息地、动物种类、植物种类等要素所组成的城市生态基底。该图层主要存在于宏观尺度的城市设计之中。宏观尺度上将城市的生态格局分为生态保护、农业用地、水体滩涂与湿地、森林用地、含水层补给等要素，并将其进行分层研究与呈现[264]。

生态景观图层与要素的相应指标和技术分析方法　表5-7

| 图层 | 要素 | 指标 | 技术方法 |
| --- | --- | --- | --- |
| 生态环境图层 | 城市生态格局、生态保护、可持续发展、生态基底、生物链和动物栖息地、动物种类、植物种类等 | 绿地率、生态指数等 | 空间句法、指标体系法等 |
| 景观结构图层 | 景观布局、景观与周边环境的联系、景观视点、滨水空间、岸线类型、水体要求、地面铺装、夜景观、公共艺术、广告标牌、导向标识等 | 绿地率、水绿比等 | 空间句法、指标体系法等 |

表格来源：作者自绘

景观结构图层则包含景观布局、景观与周边环境的联系、景观视点、滨水空间、岸线类型、水体要求、地面铺装、夜景观、公共艺术、广告标牌、导向标识等要素。该图层主要应用于中观、微观尺度的城市设计以及专项城市设计之中。与人工建设图层组中的公共空间图层不同的是，景观结构图层更加偏向于各种以景观为主的城市空间以及城市的整体生态条件。

## （二）城市物质空间图层系统

城市的物质空间系统是城市图层系统中最为庞杂的一个系统。主要分为城市结构图层组和人工建设图层组，是目前城市设计导控过程中涉及最多的内容，其内部的图层与要素较为冗杂。有些图层和要素具有多重属性与功能，并且要素或图层之间的关系错综复杂，无法明确地界定该图层或要素属于哪一个层面。按照本书的研究逻辑将城市结构图层组分为城市空间结构图层和城市形态图层，人工建设图层组分为土地使用图层、交通体系图层、公共空间图层、建筑物形态图层、城市特色空间及要素图层等。

### 1.城市结构图层组

城市结构图层组主要应用于宏观总体城市设计、中观分区城市设计尺度和专项城市设计之中，可以分为城市空间结构图层和城市形态图层。

城市空间结构图层可以分为城市功能分区、城市结构网络、城市结构关系、城市总体格局等要素，以及专项城市设计中某一要素的结构网络、结构关系和总体格局等要素，是城市设计项目的重要宏观研究部分。同时，对于这些宏观的城市空间结构类要素和图层应考虑到它们的历史演进过程，便于寻找其发展规律。

城市形态图层可以分为场地规划、用地单元与地块的平面格局、街区和地块格局、建筑与建筑的布局和组合关系、街道与街道网络、街区的平面布局、城市高度控制等要素。

### 2.人工建设图层组

人工建设图层组一般包括土地使用图层、交通体系图层、公共空间图层、建筑物形态图层、城市特色空间及要素图层等，在宏观总体城市设计项目、中观地区城市设计项目、微观尺度的地块城市设计项目以及专项城市设计项目中均有体现。

土地使用图层包含用地性质、开发容量、功能混合、公共土地与私有土地、建设用地与非建设用地、待规划建设空地等要素。道路交通体系图层包含城市快速路、机动车交通、慢行交通、轨道交通、交通换乘及枢纽、公共交通系统、生活性街道、特色街道、桥梁及地下通道等要素。公共空间体系图层包含城市绿地、街道与广场空间、建筑物内部公共空间、建筑物外部公共空间等要素。建筑物形态图层包含建筑风格与特征、形式与体量、建筑细部、建筑周边环境和连接空间、天际线等要素。城市特色要素及空间图层则是针对每个城市或者场地的不同特征来进行要素筛选。人工建设图层组内的图层及要素较为冗杂，应该通过一些相应的指标和技术方法对其进行分析研究（表5-8）。不同的城市设计项目由于其建设环境与侧重点有所不同，所以其人工建设图层的选择也应具有一定的针对性。

### （三）城市抽象空间图层系统

相对于生态空间和物质空间，城市设计中对于城市抽象空间的研究

| 图层 | 要素 | 指标 | 技术方法 |
|---|---|---|---|
| 土地使用图层 | 用地性质、开发容量、功能混合、公共土地与私有土地、建设用地与非建设用地、待规划建设空地等 | 混合利用指标、设施可达性、开发强度、功能混合度等 | 混合利用指标分析方法、黄金标准、网络分析法等 |
| 道路交通体系图层 | 城市快速路、机动车交通、慢行交通、轨道交通、交通换乘及枢纽、公共交通系统、生活性街道、特色街道、桥梁及地下通道、人行及过街通道、道路交叉口形式、道路隔离带设置、机动车禁止开口路段、地块出入口、停车设置等 | 街宽度及长度、街道网络线密度、渗透性、连接值、街道网络复杂性等 | 几何分析法、空间句法、路径结构分析方法等 |
| 公共空间体系图层 | 城市绿地、街道与广场空间、建筑物内部公共空间、建筑物外部公共空间等 | 舒适性、围合性、行走的安全性与步行舒适、可达性 | 空间句法、指标体系法、步行友好性评价体系等 |
| 建筑物形态图层 | 建筑风格与特征、形式与体量、建筑细部、建筑周边环境和连接空间、天际线等 | 建筑高宽比、界面密度、贴线率、连续性、建筑后退红线、建筑开窗率、建筑小品质量、天际线曲折度等 | 空间句法、指标体系法、天际线量化描述模型法、街道建筑轮廓线的视觉统计图表法等 |
| 城市特色要素及空间图层 | 文脉、场所、纪念物、特色街道等 | 群体意象性、认知性 | 认知地图、黄金标准等 |

表格来源：作者自绘

较少，尤其是城市设计导则方面，城市设计导则多是基于对物质空间形态的设计导控，来影响城市的抽象空间。而城市设计中的城市图层系统研究，则需要强调城市抽象空间系统的作用与地位，从心理认知图层与要素、社会空间图层与要素、历史文脉图层与要素以及时间维度的图层与要素4个方面对其进行研究。

### 1.心理认知图层组

城市空间的群体心理认知，有赖于空间使用者主观的集合形态。由于人们对城市空间的认识是有一定规律的，一般为"从宏观到微观、从整体到细部"的规律。所以城市心理认知图层组分为宏观、中观层面的城市意象图层与中观、微观层面的认知地图图层。由于人的尺度属于微观尺度，所以城市心理认知图层组适用于部分中观地区城市设计项目、微观尺度的地块城市设计项目以及专项城市设计项目中。

城市空间形态是受市民和周边城市居民的想象所左右的。城市意象图层适用于中观尺度的地区城市设计项目。城市意象图层是基于凯文·林奇的城市意象理论建立的，主要包含路径、边缘、地区、节点、地标等要素。城市的认知地图图层则包含知觉空间、存在空间、认知空间、情景空间、意象空间、理想空间、场所精神等要素。

人们对于城市空间的心理认知主要基于空间舒适度、意向性、归属感以及标志程度这些心理感受指标来进行判定。城市空间在围合度、人性尺度、私密程度、复杂程度以及公共参与度、趣味性、兴趣点等方面做得较好的话，可以为市民留下较好的心理感受。这些空间指标和心理认知指标的评定也有着相关的研究方法与技术方法，目前最常用的有认知地图、指标体系法、"黄金标准"、漂移mapping、语义分析法、虚拟分析等。漂移mapping是心理认知图层组中运用较多的研究方法。

### 2.社会空间图层组

城市图层并非一个图示语言的集合，而是人与人之间的一种社会关系，以及城市空间与社会间的关系，通过图像的中介而建立上述关系，图层系统则是这些敏感关系的集合与体现。被设计和被规划出来的社会内部的秩序、关系与层级，是最简单的城市图解，但这种图解往往会忽略真实生活中存在的复杂的社会秩序、关系与层级。

城市社会空间图层组一般分为社会层级图层、经济图层、空间的社会属性图层。其中社会层级图层分为城市人口、社会分层、社会时空分布、人群意识形态、社会感知空间等要素。社会经济图层分为土地价值、房价、社会效益、经济功能分区等要素。空间的社会属性图层则分为社会功能混合度、社区安全、居民归属感、社区活力等要素。每个图层和要素都可以运用相应的技术方法对其指标进行定性或定量的分析，以此进行科学化的城市图层研究（表5-9）。

社会空间图层与要素的相应指标和技术分析方法　　表5-9

| 图层 | 要素 | 指标 | 技术方法 |
|---|---|---|---|
| 社会层级图层 | 城市化进程、城市人口、社会分层、社会时空分布、人群意识形态、社会感知空间等 | 社会分层、人口密度、城市增长等 | 语义分析法SD法、指标体系法、认知地图等 |
| 社会经济图层 | 土地价值、房价、社会效益、经济功能分区等 | 经济价值等 | 经济学分析方法、公共资源享用份额分析法、指标体系法等 |
| 空间的社会属性图层 | 社会功能混合度、社区安全、居民归属感、社区活力等 | 街道活力指标、可达性、街道肌理、周边地块性质、开发强度、功能混合度、社区安全性等 | 相关性分析、街道活力定量评估、语义分析法SD法、定序变量相关分析、因子空间叠置分析、公共资源享用份额分析法等 |

表格来源：作者自绘

### 3.历史文脉图层组

城市设计中的历史文脉图层组主要包含历史文脉保护图层与历史空间拼贴图层。其中历史文脉保护图层包含城市文脉、纪念物、遗产保护区的街道与街区、历史保护建筑与片区、特色街道、场所精神等要素。而历史空间拼贴图层则是以时间演进为变量，将每个时期所建设的城市空间作为一个单位要素，形成一个"拼贴"的城市图层，是一种历时性的图层研究。

### 4.时间维度图层组

除了以上图层组，城市图层系统还应增加时间维度的研究。城市设计是综合空间和时间维度的，从多个维度对城市设计项目和城市空间进行控制。许多城市要素和城市图层的研究需要考虑每一个要素和图层的时间演变过程，以此分析出该要素或图层的发展历程、产生动因、影响机制以及演变特征等。

第六章

城市设计中城市
图层系统的技术
方法体系

多元的城市设计理论及图层思想固然是城市图层系统的理论来源和原型参考，但其形成一种具体的研究方法或研究模型，还要建立在各类相关研究方法和技术路径的技术支持之上。城市图层系统内具体的操作与应用需要结合相应的技术方法，形成完善的技术路径，因此搭建完善的研究技术路径和技术框架是目前城市图层系统研究的重点方向。

# 一、城市设计中图层系统相关的技术方法

## （一）城市图层系统的图示化技术方法

### 1.图解技术方法

图解（diagram），可以用于解释、设计、生成和表达思维。图解可以简化、抽象化存在的任何事物和事件。图解作为一种城市设计的技术方法，其根源可以追溯到人们对城市空间的觉察，以及解释城市空间时所需要的形式。目前，在城市设计中，从使用方法上可以将图解技术方法分为解释性图解和生成性图解。

解释性图解源自图解方法早期的应用，即建筑师和规划师用于表述设计思维的草图，是规划设计的辅助工具。17世纪中后期制图学的诞生，以及19世纪电磁学的产生为图解技术方法奠定了基础。不同于传统的平面表达方法，城市空间需要一个可以表达多维度的、半透明性的技术方法，图解技术方法可以满足上述需求。

早期的图解是分析及表达设计思想的辅助工具，应摒弃传统图示中比例、构图、美观性等的束缚，从而更注重设计本身的结构和组织。"事实来自图解"，图解是将人类生活准确地再现，图解是将理论重新进行真实的表述[265]。

图解被看作一种无限的力量，解释了形成城市空间与结构的过程。

在这个方案中，设计师对城市与建筑的关系进行了重新的思考，运用图解方式来解释，这种关系超越了有限的建筑形式的类型。

随着现代城市规划的兴起，图解从建筑设计引入城市规划中，成为一种分析及表达的工具。解释性图解是将设计的形式术语运用图解方法表达出来，探讨了图解在"范式和程序"中的应用[81]。柯林·罗将图解方法作为一种分析方法应用在城市设计中，提出了拼贴城市理论，用于呈现与解决城市矛盾与冲突（图6-1）[142]。拼贴思维是基于图解方法演变而来的，将不同时间节点、不同性质、不同类型的空间与实体建筑并置在一起，是一种技术方法，也是一种思维，甚至是一种策略。

**图6-1　柯林·罗的拼贴城市图解**[142]

20世纪起，图解不再局限于从建筑空间到城市空间，而是反馈到建筑本身，成为一种观察人们头脑中思维地图的方法。心理地图是用于描述城市权力关系的不同城市系统，同时可以绘制出城市、空间和建筑的含义。图解作为一种解释性方法，用于理解世界，并且表达出设计师的思维，用以重新塑造城市空间，被广泛地应用于建筑设计与城市规划领域。图解技术方法揭示事物之间一些不可见的关系与潜能，使得设计师可以更透彻地认知城市空间。

生成性的图解并不映射或表示现有的对象或系统，而是假设新的组

173

第六章　城市设计中城市图层系统的技术方法体系

织并指示尚未实现的关系。它们被简化和高度图形化，并支持多种解释。图解技术方法是从空间、程序或历史的背景发展而来的，它不一定存在于每个项目中。

"模式语言"是一种"结构性图解"（图6-2），是生成性图解的早期模式[266-267]。结构性图解是将设计中遇到的问题、矛盾与主要影响要素进行解构，将其简化成最基本的层级，然后从中寻找到主要问题与影响要素，进行设计，忽略次要的问题与要素。

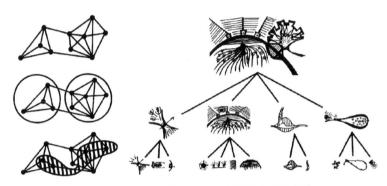

图6-2　克利斯托弗·亚历山大的结构性图解[266]

1963年，彼得·埃森曼（Peter Eisenman）第一次正式提出图解方法，他的图解不仅有解释性特征，还有生成性的功能，是生成性图解的雏形[268]。随后，他将生成性图解方法严格地应用于他的建筑设计之中，有意忽视建筑的功能、结构等设计要素，使得图解成为影响建筑设计操作的唯一方法。埃森曼的图解操作具有变形、分解、移植、量尺、旋转、倒置、叠加、移动、折叠等多种步骤和方法，是一套极具个人风格的生成性图解理论与方法体系[269]。

图解可以是动态的，可作为一种生成句法，从认识论上赋予图解方法新的功能——生成性的操作手段（图6-3）。图解分为影响设计的外在要素的外在性图解和设计要素的内在性图解[270]。

图解是对现象发展的图示化表达，运用各种点线面、结构、形式进

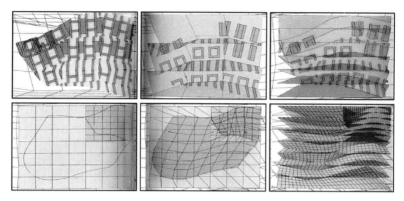

图6-3　彼得·埃森曼折叠概念下的生成性图解[270]

行抽象化表达，既包含解释、分析和反思的功能，也具有生成的功能，是一种形式生成句法[271]。图解是一种结合使用者智力和想象力的工具。

　　结合计算机技术、数字设计等研究，设计师对生成性图解提出了一些操作方法。1985年，斯坦·艾伦（Stan Allen）在著作《场域条件》（*Field Conditions*）中运用图解的方法来解释他的场域理论，将"场域条件图解"运用于景观设计之中，并提出该方法可以应用于城市设计层面。斯坦·艾伦的图解是基于他提出的场域理论的模型而创建的。不同于图底关系的黑白分明，并且具有明确的实体与虚空的界限，场域理论认为空间存在一种"间隙"，由于这种间隙，场域会形成一种"松散适应"的特征，这种特征易于要素、空间的组织和规划。基于这种"松散适应"，斯坦·艾伦的图解操作分为"分解—图示化—叠加"3个过程，认为图解除了具有将时间和空间进行符号化解释、呈现的功能，更是对组织结构进行抽象和反思的一种途径[110]，强调要素间的形式而非要素本身的形式[109]。1985年，斯坦·艾伦对6个具体的建筑设计和城市设计项目运用图解的模式进行研究与表达。图6-4与图6-5为洛杉矶韩裔美国人美术馆设计项目，斯坦·艾伦运用场域理论，设计以开放、无明显边界性、不同层级空间相互连接但又松散适应的空间结构，运用"漂浮的连续性"策略来应对建筑实体与空间之间的"间隙"[272]。

undifferentiated
program

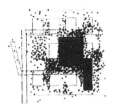

activity cluster

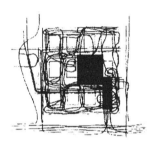

movement patterns

figure/ground

图6-4　洛杉矶韩裔美国人美术馆的生成性图解[110]

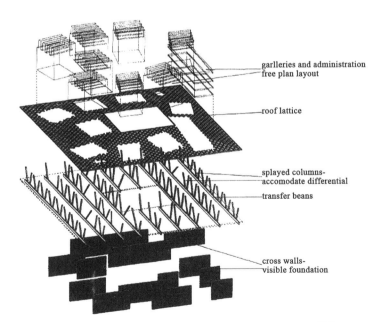

garlleries and administration
free plan layout

roof lattice

splayed columns-
accomodate differential

transfer beans

cross walls-
visible foundation

图6-5　洛杉矶韩裔美国人美术馆的分层空间结构图解[110]

当代城市设计中的图解与传统图解有所不同，当代城市设计中的图解最好理解为"数据压缩的还原机"，也可以用作"扩散机器"。UNStudio将图解分为"选择—应用—操作"3个阶段，认为图解方法可以延迟类型学在设计中的应用，并具有辅助设计师进一步设计的功能[273]。

计算机技术的发展，有助于创建更复杂的城市图解。图解可以象征性地表示任何动作、过程、结果及变化。CHORA建筑设计事务所创建了一套"城市行为"（behavior of city）的图解过程。首先建立一个城市模型，将日常发现的现实空间通过转换和选择形成抽象层，即元空间，加入对城市空间产生影响的参与者与代理人，使之与空间产生关系。通过对元空间内"城市事件"的编排，促进关系的产生与发展，对各种关系进行操纵，使其成为一个潜在的现实空间，最后提取并选择性地绘制信息，生成图解（图6-6）[115]。

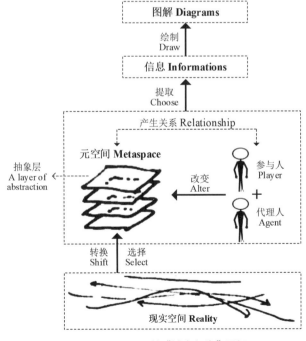

图6-6　CHORA的"城市行为"图解

图片来源：依据参考文献[115]绘制

智能城市（smart city）和各种城市操作系统（urban operating system）复杂的图解结构[274-275]。城市的图解结构是一个抽象机器，代表了文化、政治、社会和组织效果的表达。这些结构建立了城市关系的图解形式，例如MVRDV的数字图解，麦克格拉斯的互动图解等[276]。

图解技术方法主要有两个方面的应用，首先是具有解释性的表达和分析方法，是对城市进行图示化解释，比符号学方法更加多元、清晰，具有通用性。其次是具有生成性的形式生成句法，是对城市进行图层性解读及模拟，具有一定的综合性及较为完善的操作技术。在城市图层系统研究中，这两者均有所应用，但更侧重于运用图解进行图层性解读。然而，由于图解技术方法对事物的解读是基于将其不断地、深入地进行简化，从而形成一个最简单的图像，所以在这个简化过程中忽略了事物的演变过程和人类对事物的认知经验等。

## 2.mapping技术方法

mapping技术方法（国内学者更多地将其译为"地图术"）是将数据信息与地理空间信息叠加，呈现在地图上的一种分析方法。mapping技术方法起源于地图学与测绘学，在地图绘制的过程及行为之中，以绘制图解的方式来反映区域内准确、客观的地理信息与空间信息[277]。

mapping技术方法最早应用于1854年约翰·斯诺（John Snow）绘制的伦敦霍乱地图（London cholera map），是将霍乱死亡人数的地理及数据信息图示化，叠加在城市地理地图之上，绘制出以霍乱数据为专题的地图（图6-7）。虽然霍乱地图不属于城市设计领域的研究，但是这种通过分层叠加及数据可视化解决城市霍乱分布问题的思想及方法类似后来的mapping方法，为当时的城市设计研究提供了新的思路[278]。

现代城市规划发展时期，詹姆斯·康纳将mapping技术方法引入景观设计中，并将mapping分为"场域""提取物""绘制"3个步骤。场域是进行映射的表面，是类比并按比例缩放的实际的土地平面，多为我们所认知的地图底图，在mapping中被转化为一个图示系统框架，用于承载所有

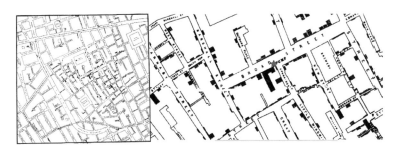

图6-7  约翰·斯诺绘制的伦敦霍乱地图[278]

被提取的要素的信息和其组织关系。提取物是被观察、选择和呈现出的数据层,是在场域的图示系统中被选择、隔离出来的层,包含其本身的物质特征与信息数据。绘制是指试图描绘提取物之间的关系,将这些被提取要素的内在关系和潜在联系可视化地表达在场域之中。绘制的过程就是去追寻提取物的关系踪迹,而后建立这些关系体系以及整体的系统结构。mapping的场域系统是一个由复杂要素及关系组成的系统,其内部的要素和图层是相互关联和互相影响的,一旦改变mapping系统中的任意一个要素或图层,则所有的要素和图层都会随之改变。

mapping技术方法不同于传统的景观与规划方法,它具有展示要素内在潜力的力量,从现实环境中寻找、揭示、再现这种潜在的力量。mapping是一个"挖掘现状信息—加工现状信息—映射呈现场地"的过程,mapping的应用使得规划设计中的场地延展为更加复杂的空间环境。在某种意义上,mapping也是图解方法的一种,是通过地图的方式对空间进行认知,更注重对潜在力量的呈现。mapping更注重对特定图解中一系列内在关系及作用力的呈现。当代mapping的实践共有4种技术方法:"漂移"(drift)、"块茎"(rhizome)、层叠(layering)、"游戏平台"(game-board)。

"漂移"概念是将"行走"与心理地理学相结合的一种构建情景的实验行为[279]。这一概念强调了列斐伏尔在社会空间中所重视的日常性特征,试图将"具体"而"真实"的日常生活世界运用mapping的方式进行呈现。由于列斐伏尔对符号学、结构主义等强制性分类与概括方法的反对,所以

"漂移"是将日常生活的"此时此地"进行真实的还原。漂移的本质是将无目的性的漫游和转移的体验进行空间再现，以打破主流的城市结构及意象，将被忽略的日常生活与城市空间进行映射[280]。漂移实践的目的是解构原有的城市结构，通过迷失来达到"去中心化"，并消除各种政治权力在空间中的作用。从城市的漂移实践中得到的mapping可以帮助城市规划师发现城市空间的趣味性以及不协调和矛盾之处，是一种个性化、开放式的技术方法。

空间认知的重点在于空间与"看不见的权力"之间的对应关系。"块茎"概念主要用于表现城市中的社会空间模式。不同于树状和根状结构，块茎结构由地表上可见的根茎与枝杈所组成，是一个无中轴线、无源点、无固定生长方向的多元网络。块茎可看作一种地图，是基于各种关系来组织整个结构的，将块茎的"生成"过程看作一种动态的mapping，"权力"就是块茎动态生成的动力。块茎mapping是极具开放性的，并且不受空间界限限制，通过生成动力连接所有维度，是一种不断变化，可以进行更改、置换与解构操作的结构。这种动态的mapping是一种认知物质空间与社会空间的方式[281]。

"层叠"方法，是文脉研究的方法之一，是将不同的独立图层进行叠加，主要是针对场地的文脉进行叠加，以形成新的方案形式。它叠加空间要素及其信息，基于要素间的联系进行想象性的规划设计创作[268]。

前文提及的"城市行为"图解是由一系列特殊地图及编码符号组成的，用以处理各种复杂的城市规划项目及场地，很多学者也将其归为mapping方法的一种，称之为"游戏平台"，是将游戏者的心理与城市物质空间进行连接、映射。CHORA建筑设计事务所的邦休顿（Bunschoten）认为城市系统内的参与者与代理人通过不同的游戏方式对城市空间产生影响，这种影响的传播是网络结构的。mapping就是创造一个促进影响产生的平台，即游戏平台。邦休顿的"游戏平台"在城市设计实践中，通过对空间布局与结构的规划与设计，使使用者在规划的空间中尽可能多地产生关系，同时建立起更多类型的交互规划模型。这种行为即"搅动"[115]

mapping方法可以分为mapping of、mapping for、mapping with/in和mapping out[282]。mapping of技术方法用于显现特定场所及空间区域内真实且客观的现状信息。mapping of是基于几何学的研究，其中几何网格是mapping of的一种基础控制机制，可以起到测绘与制图过程中的定位辅助功能。mapping for技术方法是为了某种特殊目的而设计的，是用于再现和间接映射信息的。mapping with/in技术方法是指通过某种特殊的媒介方式再现，绘制使用者的"体验"地图。mapping out技术方法是指沉浸式、可以从中获得人与人交流的一种特定的、定制的地图，用于再现各种"有形的存在"（表6-1）。

4种mapping方法

表6-1

| 名称 | 功能 | 方式 | 举例 |
|---|---|---|---|
| mapping of | 将空间的客观现状显现于地图之上 | 显现 | 城市地理地图、客观现状地图等 |
| | | 直接映射 | |
| mapping for | 为了某种特殊目的而设计的地图 | 再现 | 分析、评价、规划建议地图等 |
| | | 间接映射 | |
| mapping with/in | 通过特殊媒介，将"体验"及"关系"映射在空间之上 | 再现 | 漂移地图等 |
| | | 间接映射 | |
| mapping out | 沉浸式、交互式的活动与空间的映射 | 再现 | 游戏平台、城市操作系统等 |
| | | 间接映射 | |

表格来源：作者自绘

mapping是建立在空间坐标或地理坐标基础上的信息图示化表达，其与城市规划设计相结合，衍生出多种客观的空间性城市地图。mapping技术方法可以客观地呈现图层及要素的显性信息、隐性信息、量化特征和内在关系，使我们能够快速地对所研究的事物产生基本认知，便于分析和叠加。从某种意义上讲，mapping也是一种广义的图解。通过mapping创建的城市模型可以称为"图解之于图解"（前一个图解是指空间信息的抽象表达，后一个图解是指空间背后的数据模型及模式）。"图解之于图解"可以理解为设计内容的参考与示范，而设计内容的图解则是设计内容作用机制的一种索引，这三者之间通过mapping技术方法产生关联，是设计师用于调节这种设计内容作用机制的中介。

按照上文的阐述，mapping是对客观事实的呈现与再现，图解是对潜在力量的揭示。mapping技术方法的表达方式为地图，而图解的表达方式较为多元化，可以运用各种类型的图示化语言进行表达，例如分析图示、图示模型等，这样看来mapping的应用范围比图解要小。在广义的图解中，万物皆可被图解化，建筑设计及城市规划中一般提到的图解技术方法均为狭义的图解，强调一些设计的要素、图层与空间的对应关系，即潜在的力量，这种图解中的空间对应关系是不受局限的，而mapping的空间对应关系，一般只对应于城市的地理空间信息地图。

### 3. 叠图技术方法

叠图技术方法（map-overlay method）起源于景观设计师对大尺度景观的科学化探索，是将地理学的科学研究思维引入景观规划中，打破了传统的唯美主义的景观设计，是分层研究思维的体现。这一时期，景观设计师及地理学家提出了"地图叠加"方法，以及运用"图层叠加"技术进行系统的生态因子评价等研究方法，为后期的mapping等研究方法奠定了理论基础。这一研究方法相较以前的设计方法，关注了更多的设计要素和更大的尺度范围，并且运用一些量化方法使得研究更加精准化。然而，这一时期的研究方法也有一定的缺陷，主要表现为对要素选择和评价的主观性，以及同类型的要素容易比较，但不同类型的要素很难去类比。景观学中的叠图方法，源自景观地理学的地图叠加方法，是通过分层绘制等比例的单一要素的地图或图纸，而后通过叠加形成综合性的要素分析成果的技术方法。叠图方法主要有分层、叠加、综合作用3个特征。

随着计算机技术的发展，出现了更具策略性和控制性的分层示意图，通过交叉及合成，使叠图方法更具包容性，避免了缩减信息和武断设计。

1963年，罗杰·汤姆林森（Roger F. Tomlinson）提出了地理信息系统的概念与方法，开启了地理信息系统研究。其主要作用是通过计算机处理和分析相关要素的地理信息与数据信息，从而进行专题地图的绘制、叠加、测算、评价等研究（图6-8）。

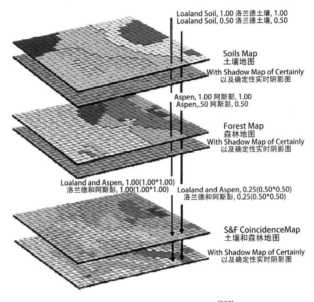

Loaland Soil, 1.00 洛兰德土壤, 1.00
Loaland Soil, 0.50 洛兰德土壤, 0.50

Soils Map
土壤地图
With Shadow Map of Certainly
以及确定性实时阴影图

Aspen, 1.00 阿斯彭, 1.00
Aspen,.50 阿斯彭, 0.50

Forest Map
森林地图
With Shadow Map of Certainly
以及确定性实时阴影图

Loaland and Aspen, 1.00(1.00*1.00)
洛兰德和阿斯彭, 1.00(1.00*1.00)

Loaland and Aspen, 0.25(0.50*0.50)
洛兰德和阿斯彭, 0.25(0.50*0.50)

S&F CoincidenceMap
土壤和森林地图
With Shadow Map of Certainly
以及确定性实时阴影图

图6-8　GIS的叠图示意图[283]

1965年，卡尔·斯坦尼兹（Carl Steinitz）基于GIS技术提出了"地理设计"（geo design）的框架（图6-9），将景观和城市规划从简单的地图叠加转向地理空间数据信息的叠加，革命性地优化了叠图技术方法[284]。结合AutoCAD、GIS等计算机软件，目前叠图技术方法不仅应用于专项要素叠加研究和场地资源综合叠加评价，还应用于方案生成中的叠加设计。

在景观设计学领域，土壤、植被等元素被视为独立的景观特征，要确定景观区域对不同人类活动的适宜性，就需要找出相关的景观元素，并将它们叠加到半透明的地图上或输入计算机数据库[285]。基于计算机信息系统的叠图技术方法不再是传统叠图方法中运用点、线、面单一颜色或者灰度色块进行线性叠加，而是增加了地理空间信息以及要素信息数据的维

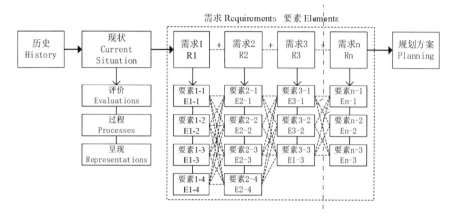

图6-9　卡尔·斯坦尼兹的"地理设计"框架[284]

度（表6-2）。通过权重信息的线性与非线性叠加、栅格化的数据叠加以及矢量化的图形叠加共同作用，更加精准、科学、全面地进行叠加。

传统叠图技术方法与计算机信息叠图技术方法的区别　　　表6-2

| 区别项 | 景观学中传统的叠图技术方法 | 基于计算机信息技术的叠图技术方法 |
|---|---|---|
| 表达方式 | 等比例的手绘地图或图纸<br>点、线、单一或者灰度色块 | 计算机图纸<br>多种表达方式 |
| 叠加要素 | 以自然要素为主，后期增加了部分社会、人文要素 | 各种类型的空间要素 |
| 叠加平台与方式 | 将半透明的等比例图纸或地图运用日光透射、投射板、照片锌版术等方式进行叠加 | 通过计算机计算平台进行数据和空间信息叠加，一般采用GIS系统 |
| 叠加特性 | 多为线性叠加，后期增加了权重叠加 | 可以处理要素或图层间非线性的关系，以及权重叠加等 |

表格来源：作者自绘

　　然而，叠图方法的局限在于更注重对图纸和地图等图示语言的叠加，而忽略了要素或图层之间的关系，这些关系多为非线性，在叠图方法中很难被表现及叠加。所以，在图层叠加之前，需要考虑要素或图层的演变过程、图层之间的关系，以及各个图层在叠加时的权重。

　　荷兰的图层分析模型是基于整合性的城市规划思想，以解决当时荷兰城市面临的气候变化、水资源管理、景观价值、旅游价值以及城市活力等方面的综合问题及矛盾。这种图层分析法被广泛应用于荷兰的空间与城市规划之中，其具有两种分层思想：第一种是根据政府规划任务的重要程度进行排序，按照任务的优先级进行分图层、分任务的分层分析研究；第二种是通过时间尺度来进行分层研究，具有高动态性的城市图层或要素优先于低动态性的图层。图层分析模型中的"动态性"源于长时段理论。

图层分析方法是一种分析模型，是将演变速度相同的要素并置并呈现在同一个图层之上，以此来进行分析研究的空间分析模型[286]。随着应用与发展，图层分析方法逐渐发展出两个实践方向：一是基于城市空间地图的地图分层分析，所有的图层都受制于基底地图图层；二是根据每个城市规划与设计项目面临的不同问题来选择不同的图层进行图层分析，主要应用于政府的政策制定实施之中。图层分析方法主要基于要素分类、图解化表达与图层叠加的思想。图层分析方法缺乏对于图层的筛选与隔离的过程，并且缺少对各个图层与要素间整体层递结构的重视。

## （二）城市图层系统的信息化处理方法

### 1.量化分析方法

量化分析方法应用最多的研究方向是城市物质空间形态及结构研究。1997年，城市形态学的研究学者提出了"morphology"（城市形态学）量化指标体系，从街道可达性、地块密度、建筑修建年代、街区尺度、建筑平行度、建筑高度与街道宽度比、建筑功能7个城市形态要素来控制分析城市空间形态的特征和城市文化特征。其中建筑年代与建筑功能要素的数据来源于城市统计数据，其他要素的数据均可从相应的城市地图中直接或通过分析得出[248]。随后也有学者提出运用城市空间的复杂度、集中度、整合度、通透度和密度来对城市形态进行量化研究。

城市规划学者提出了通过密度、土地功能多样性、城市设计、目的地可达性和公共交通设施距离5个层面来对城市建成环境进行量化分析与解读，称为"5D"模型。其中密度包含人口密度和工作地可达性等要素；土地功能多样性包含不同类型土地功能比例、活动密度、用地异质性等要素；城市设计则包含街道空间设计、场地设计、交通规划等要素[287]。

21世纪初，里德·尤因（Reid Ewing）与汉迪·苏珊（Handy Susan）基于他们提出的城市认知5个层级，又提出了城市建成环境的6个要素，即密度与强度、用地混合程度、街道连通性、街道尺度、审美质量、区域结构，增加了对区域层面要素以及空间使用者的心理感知与审美体验要素的考虑[288]。

基于拓扑学提出的空间句法（space syntax）[289]，是用于描述与分析空间内的拓扑关系，是当代城市设计中应用较多的方法。空间句法一般与城市地理地图结合，形成轴线地图和凸边形地图等，基于深度、连接度、控制度、整合度等要素，主要用于描述建筑空间关系、街道空间、道路交通及城市空间形态等单一要素[290]。空间句法一般用于中微观尺度的城市研究，空间网络分析（spatial network analysis）则主要用于大尺度的研究中。空间网络分析主要基于网络、坐标以及网络节点等指标进行分析。通过对节点度、聚类系数、特有的最短路径长度、中间性、模式等要素进行测算与分析，来规划大尺度的区域或城市空间网络。

对于城市空间形态的研究还有空间矩阵（space matrix）[291]、路径结构分析（route structure analysis）等分析单一要素的方法[292]。同时分析多个要素的方法有形式句法（form syntax）、场所句法（place syntax）、空间设计网络分析（SDNA）等方法[293-294]。功能使用上有混合利用指标分析方法（MXI）[295]。此外，分形学中的分形维数及标度维数可用于描述线性城市要素，量化比较同一城市要素在不同空间尺度下的变化与特征[296]。

在城市生态环境研究方面，多用于针对城市气候的分析。宏观尺度上主要有城市气候图集、污染地图等量化分析方法。中微观尺度上有描述城市热环境的ENVI-met量化分析软件[297]。运用流体动力学的Fluent软件、三维环境气候预测的FITNAH模型、HOTMAC气象模型等分析软件对城市热环境及风环境进行模拟分析，揭示其与建筑密度、建筑形态、绿化率等物质空间要素的关系[298]。

除了城市物质空间的量化分析外，在城市抽象空间研究中，城市设计学者将心理学的语义差别分析法（semantic differential method）应用在测度个体对城市空间环境的心理感受上，从而将城市认知要素量化[299]。同时还有对空间使用者的兴趣点（point of interest，POI）进行的量化分析方法，该方法主要基于各类地图数据、手机信令数据、公交出行数据等对公众偏好度进行研究，一般应用于城市空间活力、交通量、人的行为模式等分析研究中。此外，城市空间活力研究中还经常采用街道活力定量评估、标志性节点空间影响分析、居民活动轨迹密度分析等方法[300]。

除了心理感受外，社会空间也有相应的量化分析方法。在社会空间的经济价值、社会关系方面有土地价值评估、社会群体收入分析、公共资源享用份额分析等方法[301-302]。

在城市空间的时间维度研究中，有基于地理信息系统（GIS）与时间地理学提出时空地理信息系统（Space-Time GIS）的研究方法[303]，以及"时间—空间—人"（TSP）的研究方法，用于识别及筛选城市要素并构建其演变模式[304]。近年来，相关学科的元胞自动机（CA）、多主体模型（MAS）等仿真模拟、预测模型被引入城市设计中，构建出多种模拟城市增长的量化研究方法[305-306]。这些量化模型及研究方法可以结合大数据信息，对时空维度下的人类活动特征、城市要素演变及城市空间发展进行分析及模拟。

### 2.大数据处理方法

大数据方法的出现对城市设计产生了相应的影响。首先是城市设计要素的信息收集方法的改变，除了传统的数据统计方法，可以通过计算机网络、卫星地图等方式来获取各类城市空间和现象要素的信息。其次是信息更具复杂性和全面性，并且能直接收集到许多原型数据。再次是城市设计要素之间的关系可以通过数据信息进行呈现，可以表达出许多复杂的非线性关系，而非讨夫简单的关联，例如城市空间的拓扑关系等。最后是改变了城市设计要素的分析和计算方式，由传统的运用图纸只能对单一要素或者单一维度内的要素进行分析与计算，转变为可以运用计算机技术对空间内多维度的复杂关系的要素组或图层进行分析[307]。

杨俊宴将城市设计中的大数据研究分为3个阶段，首先是数据的图示化和表层分析，将数据通过分地图与相关的地图进行浅层的平面表达与简单的分析。其次是基于数学运算方法和城市设计中的量化分析方法，对单一数据或者单一维度的数据进行深入的研究。最后是当代城市设计中的对城市空间进行多源化、多维度的大数据联动分析[96]。

20世纪末期，城市设计工作者开始致力于对数字化方法及城市数据库构建的研究。首先建立的"数据景观"（datascapes）、"超级城市/数据城镇"（metacity/datatown）数据库，这两个概念改变了传统城市设计的分析方法，使得可见的与不可见的城市要素均被可视化再现[308]。

随着大数据的发展，大量的、多维的城市信息数据库得以建立，尤其是国内外各种高精度的地图平台，基于卫星图像、航空摄影和GIS、3D地球图像信息来绘制地球地图。除了地理空间信息，还有基于遥感的气候类信息数据库，例如Wudapt、Landsat、USGS等的数据库。

此外，区域性的公共交通数据信息、大众媒体数据信息、计算机网络数据信息以及移动电子设备的数据信息等都成为可以利用的城市设计大数据，这些信息数据还可以反映人们对城市空间认知观的改变。例如，将手机信号数据运用mapping方法叠加至城市地理空间之上，再运用GIS平台进行分析，即可形成手机信号分布地图，这种不可见的信号数据又被称为"无形的景观"，通过处理后可以将无形的手机信号数据转化成可视化的信息地图，可以直观地看出不同时间段不同城市空间的人口密度和手机流量的地理空间分布状况。

在进行城市研究与城市设计之前，需要筛选所需的要素及其信息数据。上文阐述的"游戏平台"mapping技术方法最终被发展为"城市画廊"

（urban gallery）研究系统，其系统内部首要的组成部分即数据库，以数据库为基础组织了原型、场景预测和行为计划等数据分析模型和平台，并将其应用于城市设计实践之中。

在街区尺度的城市设计研究中，各个地图平台中的城市街景即公共开放空间（POST）[309]可以与开放街区地图（OSM）[310]、City Engine[311]、步行和骑行系统环境扫描（SPACES）[312]、行人环境数据扫描（PEDS）[313]、步行可行性评估工具（SWAT）[314]等数据平台为人本尺度的城市街道空间环境提供量化、图像化的数据。这些街区尺度的城市地图还可以提供三维建筑层面的数据信息，使得城市地图数据不再平面化，并且可以通过建筑信息提供土地使用、街廓、建筑高度、建筑风格与色彩等方面的信息数据，用于绿化、公共空间、城市色彩、人群活力和社会安全等分析，以及人本尺度的环境评价。

许多地图软件可以提供城市地表的高程点、地理坐标、空间坐标以及等高线等数据，通过这些数据可以得到城市建成空间和非建成空间的基础地形地貌信息数据，运用相关的软件（例如Sketch up、GIS等）可以直接得到三维的城市地形地貌模型（即三维的城市地质背景），将这个地形地貌模型与城市的建筑和空间信息数据进行叠加，即可获得三维的城市规划与设计底图。地图软件还具有"历史图像"的功能，可用于描述城市空间的发展演变情况，用于对城市历史文脉方面的图层和要素的分析研究。地图软件结合mapping技术方法，可以将许多隐性的城市设计要素揭示出来，辅助城市设计与规划方案的制定以及政治决策的出台。

除了数字信息数据分析方法，图片信息也逐渐被城市设计所重视，出现了图片城市主义[95]。图片数据源主要基于卫星图像、地图平台的街景照片、互联网专业图片网站、社交网络平台等图片数据库，被称作"表意数据"，认为"表意数据"相较"表值数据"（以数字为主的数据信息）可以表述出城市空间要素更加丰富、复杂的特征。街区尺度的城市地图提供的大量街景照片，以及互联网网站提供的人本尺度的城市空间照片，可以揭醒设计师在规划设计中经常被忽略的空间，同时可以对设计师在主观上对空间认知的错误进行校对，便于更加科学全面地对微观尺度的城市空间信息进行掌握与认知。图片数据源同时携带图片的地理位置信息，便于将这些图片信息运用图解、mapping等方法表现在地理地图之上。将图片数据源结合一些图像分析软件，可以对人本尺度下一些可视化城市要素及城市认知类要素进行分析评价。

## 二、城市设计中城市空间的抽象化和要素化

城市空间的抽象化是一个运用抽象思维和其他思维方式将城市设计中的现实空间进行抽象和解构，从而形成相应的城市要素和图层的过程，是城市图层系统研究的首要过程，包含抽象现实空间、解构抽象空间以及筛选和隔离相关要素3个步骤（图6-10）[315]。

### (一)抽象逻辑思维的介入

#### 1.现实空间本质的探索

对客观存在的现实城市空间进行抽象与概括，是城市设计中城市图层系统研究的首要流程。城市图层系统的构建是将城市设计所涵盖的空间事实进行解构和重构的过程。

城市空间是一个极具复杂意义的存在，并且有较多多元性、表征性与迷惑性的现象包裹于空间的本质之外。我们日常生活中所看到和感受到的城市现实空间，实际上是多层空间复合形成的。除了客观存在且可视化的城市物质空间，城市空间的各种意向性和表面现象也是不同形式空间的存在，也是城市图层系统需要重点考虑的内容。这些不同的城市空间，都需要从现实空间中抽象、解构而被揭示出来。

城市设计应该本着面向事物本身的原则，基于现象学"回归事物（现象，即空间）本质"的方法，来努力探寻城市空间的本质，将现实空间的

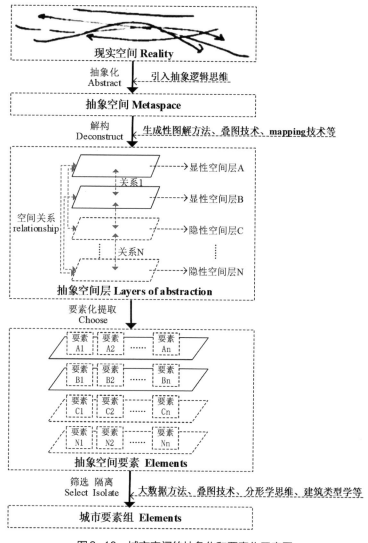

图6-10 城市空间的抽象化和要素化示意图

图片来源：作者自绘

本质与其所具有的意向性和表面现象剥离开来，分层分步骤地进行探究。城市图层系统在城市现实空间抽象化的过程中，具有判断、筛选、隔离、映射、揭示与解析等功能，这些步骤应该是中立性的态度，以此揭示城市空间的本质以及不同类型的城市抽象空间。

## 2.现象学方法的应用

城市的现实空间和抽象空间综合起来构成的世界，才是我们生活的空间系统。城市图层系统主要运用现象学方法，对城市空间进行抽象化解读。

现象学方法研究的是城市的现实空间投射到各个层级的抽象空间之上这一意向活动的整体过程，以及现实空间与抽象空间之间的关系。现象学方法可以通过映射等行为和操作，将人类对城市现实空间的意识与知觉再现出来，同时还原城市现实空间的本质，这一过程就是对城市现实空间的抽象化过程。现象学方法还可以对城市的现实空间进行处境性、物性研究，不同于传统城市规划和建筑设计中所强调的具有可见性的物质空间，现象学的空间往往是隐性的，存在于空间内使用者的意识或知觉之中。

现象学可以基于人的意识活动，揭示城市空间中的隐性特征、要素、图层和内容。这些隐性的要素、图层可以影响市民对城市空间的感受与体验，进而影响城市的意义和意象。在城市设计中，城市图层系统应充分考虑现象学方法对城市现实空间的抽象化过程与结果，得到的城市空间的本质以及各种隐性的抽象空间和空间的意义即不同层级的抽象空间，用以进一步形成不同的城市空间图层。

## 3.城市图层系统的抽象化操作

城市图层系统是一种可以融入一定的主观性的、有意向性的纯客体，这种意向性，协助对城市现实空间进行有选择性的抽象与概括，并将城市空间的其他外部影响进行剥离，从而揭示城市空间的本质，具有再现和回归事物本身的作用。

解构、重构是城市设计中常用的操作方法。智能城市和各种城市操作系统被视为抽象机器，各种城市模型系统都是通过建立相应的城市模型来整合各种城市关系。

引入抽象逻辑思维，将日常发现的现实空间进行抽象化阐述，通过转换和选择形成抽象空间和各种抽象层，是城市图层系统研究的第一步。

城市设计中城市空间的抽象化过程，除了地理学、建筑学、景观生态学等思想外，还可以结合系统思维、复杂理论、现象学和哲学思想来推进城市图层系统的构建，以涵盖并解构构成城市设计的各种复杂的关系网络和城市要素、图层。

这一抽象化过程类似"分解—图示化—叠加"的操作过程，除了具有将时间和空间进行符号化解释和呈现的功能，更是对组织结构进行抽象和反思的一种途径，融入了新的空间思考方式。同时在现实空间抽象化的过程中，要强调现实空间中常被忽略的空间之间的形式和关系，而非空间本身的形式。

## （二）城市设计中抽象空间的解构

### 1.抽象空间的解构原则

城市空间系统的解构并非随意为之的，不同于机械论的割裂式分类方式，是遵循一定的逻辑与秩序的。这种逻辑与秩序是具有一定的刚性和弹性的，刚性即绝大多数的城市设计项目大体上都可以遵循一定的逻辑关系进行解构，而弹性则是在每一个城市设计项目中，设计师需要根据城市设计的特征、需求和面临的问题而融入该项目特有的逻辑秩序。

城市图层系统内的各个子系统即单个的城市抽象空间层，整个系统内部的模型是基于这些子系统之间的关系来进行统筹协调组织的，内部的作用机制是使各个子系统相互作用、协调并各司其职。解构之后得到的各个城市抽象空间层具有共同的主体，这些空间层通过各个层之间的关系以及信息交互流通被组织到一个城市空间系统之中，相互依存，具有主体聚集的特征。

对城市抽象空间的解构需要保持每个抽象空间层的相对独立性，以及其独特的特征。同时，需要考虑整体抽象空间层之间的关联性、每个抽象空间层之间的相互作用机制，以及每个抽象空间层与系统之间的关系机制，找到每个抽象空间层之间交互与叠加的关联处，便于整合。

### 2.抽象空间的解构模式

现实空间可被解构、抽象为显性空间抽象层、隐性空间抽象层和各种空间关系之和3类主体（图6-11）。

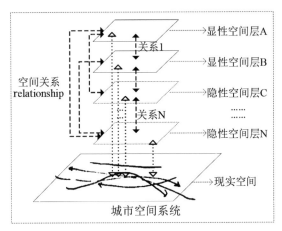

图6-11　城市空间的解构分层

图片来源：作者自绘

日常生活中可见的、显性的物质空间通过分层级抽象，形成不同类型的抽象空间层。许多客观存在的空间是不可见的、隐性的，例如社会空间、心理空间等，这些隐性空间需要进行二次转译，以形成相应的抽象空间层。除了各个空间的抽象化空间，现实空间还涵盖各个空间之间的关系与关联逻辑。对于空间之间的关系的阐述，可以采用叠图技术和大数据技术，将各个空间信息的抽象层通过mapping技术进行叠加、分析和计算，发现其内在规律，梳理出空间的关联逻辑，总结出其所呈现的问题。

"城市行为"模型是运用复杂理论和抽象思维将现实空间抽象化的过程。与城市图层系统研究中城市空间抽象化过程不同的是，"城市行为"模型是在其城市模型的抽象层（即元空间，可被理解为抽象空间）中加入人类活动，使得人类活动与各个空间层之间产生关系，同时也促使各个空间层之间产生关系。通过对这些关系的操纵，尽可能地模拟成现实生活，

城
市
图
层
系
统
与
城
市
设
计

使其成为一个潜在的现实空间。"城市行为"模型可被看作城市抽象空间解构的反向操作，其空间内的组成部分大体一致，都是由不同的抽象空间层与各种关系组成整体的城市空间系统。而城市图层系统的研究更强调各种空间的内在关联逻辑，这种关联逻辑能够帮助规划人员找到城市中每一个空间或要素、图层所存在的问题，以及它与周边环境的关联所在。

### （三）城市设计要素的筛选和隔离

将要素从原始空间中进行筛选、隔离和分类，然后整合成相应的图层（图6-12），这使得图层具有多重模式和多种可能性的组合，我们可以根据城市设计项目的不同需求和不同层级的抽象空间，有针对性地选择城市要素和图层，同时选择哪些要素在该图层中突显，哪些要素在该图层中退为衬底，甚至哪些要素在该图层中应被忽略，便于更好地理解事物的本质及关系。

#### 1.城市设计中要素的筛选

城市设计充满了复杂性与不确定性。城市设计要素的筛选，本质上是在解读了城市设计项目的需求与特征，并且对城市设计面临的城市问题进行充分的认知之后，采取具体问题具体分析的原则，对与之相关的城市设计要素进行选择。"筛选"主要运用大数据分析方法、叠图技术方法、生成性图解方法以及分形学方法等（图6-13）。

大数据方法用于分析哪些是该城市设计项目中的重要要素，基于城市信息的数据库，设计师可以分析出不同要素在该城市设计项目中的重要程度。例如，城市滨水空间专题城市设计中，通过空间数据的分析，可以发现滨水空间的可达性与空间使用频率成正比，并且可达性对空间使用频率的影响较大，则空间可达性就是这个城市设计中的重要要素。同时，从各种类型的城市信息数据库中可以收集到城市设计要素的数据、图像和空间等信息。

叠图方法用于对场地资源进行分层分析，从而提取相关要素，也可

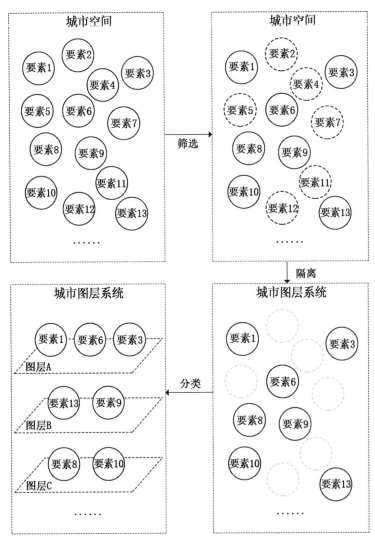

图6-12　城市设计要素的筛选、隔离与分类过程

图片来源：作者自绘

同时采用反向图解方法。在城市设计要素的筛选过程中，实则是采用了一种反向叠图的技术方法，城市图层和要素之间的叠加机制，比图层或要素本身更加重要。

　　城市图层系统中筛选出的城市设计要素一般分为两类，一是共性的

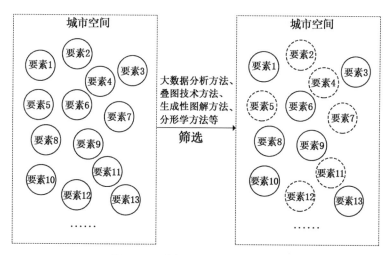

**图6-13 城市设计要素的筛选过程**

图片来源：作者自绘

城市设计要素，二是具有针对性、独特性的城市设计要素。对于共性的城市设计要素，是大多数城市设计项目或问题都会重点考虑的要素，例如土地利用、建筑形态、街区形态、街道空间、地形地貌等要素，可以称之为通用类要素。这类要素可以采用生成性图解方法来对其进行分解、筛选与分类。这种结构性的生成性图解是将设计中遇到的问题、矛盾与主要影响要素进行解构，将其简化成最基本的层级，然后从中寻找到主要问题与影响要素，进行设计，忽略次要的问题与要素。对于独特性的城市设计要素，也可以运用反向图解等方法进行解构与筛选。

分形学思想强调系统中各个要素之间的相互关系。在整个系统中，各个独立要素不是各行其是，而是相互关联、相互作用，每个要素的变化都会导致其他关联要素和系统的变化。系统整体变化属于非线性的动态变化，但内在要素处于平衡状态。分形学思想可以重新重视那些以前被忽视的隐性或潜在的要素，从"隐性"中提取"显性"。由于在分形学的研究中，城市具有自相似性，在不同层级的城市设计中，其图层也具有一定的自相似性。

### 2.城市设计中要素的隔离

城市图层系统中城市设计要素的"隔离"主要运用了分形学的思维方式，旨在从复杂的城市空间系统中突显出与之相关的要素（图6-14）。并且由于城市结构具有分形性质，可基于城市或其局部区域的位序关系，以及要素的分形结构，建立起要素框架[212]。

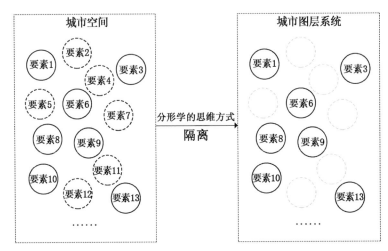

图6-14  城市设计要素的隔离过程

图片来源：作者自绘

城市图层系统建构的重点在于要素的筛选、隔离及分类。由于城市设计中偶然的次要要素与必然的主要要素相互混杂及多重关联性，难以全面地研究系统中的多重关联，导致要素的筛选具有一定难度，而分形学思想可以把不同的城市要素从复杂的城市系统中隔离出来，放在同一层级的图层中进行比较研究。

城市设计要素的隔离主要依据城市图层系统的半透明性特征，这种半透明性的特征容许城市图层和要素互相交叠、渗透，同时也将不可以参与交叠、渗透的要素和图层通过不透明的部分隔离开来。城市图层系统的半透明性也便于各个城市设计要素进行转换与整合，作为形式组织的半透明性使得系统结构更加明晰化，同时也容忍混淆和模糊[81]。此外，城市图层系统的半透明性可以强调出空间背后被隐匿的部分要素，使其不再被忽视。

### 3.城市设计中要素的分类

类型作为一种稳定的、基础的深层结构，是城市图层系统构建的基础。类型学作为一种研究方法或技术工具，用于系统组织和处理与建筑和城市分类有关的大量知识和要素。

城市图层系统中城市设计要素的"分类"主要基于分形学思想、建筑类型学思想以及图解技术方法，是将城市空间进行重构的首要步骤（图6-15）。建筑类型学的研究过程可以被总结为"识别提取—类型解构—空间重组"3个步骤，这一过程在城市图层系统中的要素筛选与分类步骤中得以应用。通过对城市设计项目与城市空间的分析研究，提炼和解构出相应的"原型"或"类型"（即城市设计要素），而后结合不同空间的具体问题，有针对性地进行"类型"（即城市设计要素）的重组和演绎。

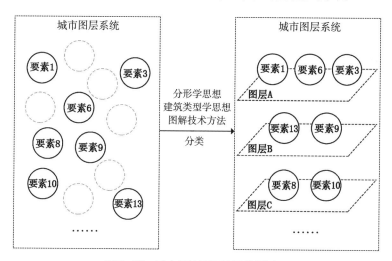

图6-15　城市设计要素的再分类过程

图片来源：作者自绘

当代的城市设计就是一种数据还原模式。"选择—应用—操作"这一过程与城市图层系统中城市设计要素的"筛选"和"分类"过程相似。这种操作过程可以延迟类型学在设计中的应用，并具有辅助设计师进行进一步设计的功能。

在城市设计的图层系统研究中，将冗杂的图层及要素进行分类就是对于类型学的应用。城市图层系统研究需要建立较为完善的图层及要素的分类思想，而非一种固定的分类方式，这种思想既有解释性作用，又有生成性作用。针对不同类型的城市设计，选取相应的分类方式，而非用一个统一的分类方式应对所有类型的城市设计。

## 三、城市设计中城市图层内信息的梳理与表达

将现实空间抽象解构成相关的城市设计要素后，应该整合、梳理出相应的城市图层框架，对每个城市图层中涵盖的要素信息进行收集与表达，为每个城市图层的呈现及整体图层系统的搭建提供基础内容（图6-16）。

### （一）图层框架的梳理

#### 1.要素的整合

基于上述城市图层系统研究过程中对城市要素的筛选、隔离与分类，可以得到初步的城市要素内容，以及大体的城市要素分类框架。此外，设计师还应针对城市设计项目的类型与问题进行独特性的研究，提炼出独特性的城市要素，并对所有涉及的城市要素进行重要程度的排序。

城市设计项目由于类型与所面对的问题不同，导致了规划目的性的差异。城市设计的目的性对城市要素的梳理起到了引导与干预的作用，通过对规划目的性的转译，形成相应的城市图层与要素，并且通过对城市要素重要程度的干预初步建立城市要素的等级框架。不同的规划目的性会产生不同的城市要素及其框架。

影响城市设计的城市要素可以从外在要素和内在要素两个层面进行整合，内在要素是指该城市设计项目的范畴之内涉及的城市要素，而外在

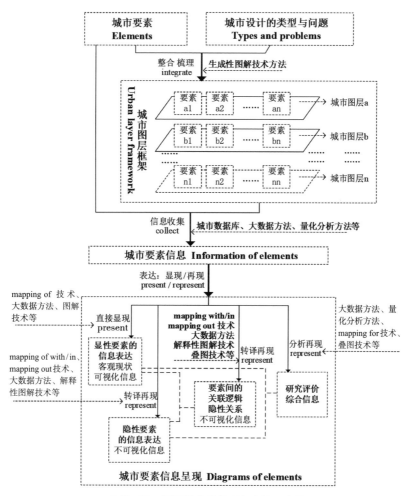

图6-16　图层信息的梳理与表达示意图

图片来源：作者自绘

要素则是指周围环境对该城市设计项目产生影响的城市要素。这种要素整合方式与埃森曼的外在性图解及内在性图解思想类似，内在的要素是城市设计空间内的自律性，可以自我生成，外在的要素则是与周围环境进行信息交互而形成的。

　　图解技术方法可以被应用在图层和要素的梳理过程中。图解技术方法本就是对城市设计所包含的要素进行分析和反思的一种手段。图解技术方法是对现象发展的表达，既包含解释、分析和反思的功能，也具有生成的功能，是一种形式生成句法。这种生成性图解适用于城市设计中的图层和要素自上而下的梳理过程，具有生成性的作用，是对城市进行图层性解读及模拟。

**2.图层框架的梳理**

城市图层系统中图层框架的梳理是一个双向思维的过程，规划师应该自上而下地按照城市设计的需求整理涉及的图层，以及每个图层包含哪些要素，同时自下而上地从要素和图层间的矛盾关系和问题来生成相应的图层，分析哪些要素及关系可以组成某个图层。

城市图层系统的图层框架可以分为3个等级，即城市图层的子系统、城市图层（不同的项目可能会涉及不同的城市图层等级划分）、城市要素（按照城市要素的重要程度进行等级划分）（图6-17）。

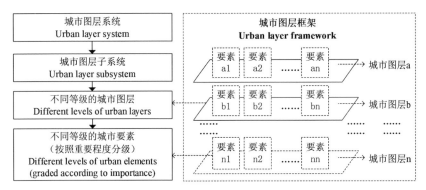

图6-17　城市图层系统的初步图层框架

图片来源：作者自绘

图层框架的梳理主要分为3个步骤，首先是描述性分析，即对城市设计中涉及的城市空间本体的特征与表现形式进行分析与描述，转化为城市图层系统内的语言。其次是动因分析，即对影响城市设计的各个要素进行分析，例如社会、经济、历史、文化等方面，多为隐性要素。最后是关联性分析，即对城市设计中涉及的所有城市显性空间与隐性空间、可视化图层与不可视化图层、显性要素与隐性要素之间的关系进行分析与阐述，通过其中的各种关系自下而上地构建图层框架。例如，城市的社会空间与社会生产、市民心理认知要素之间的关系，城市物质空间与建筑布局、街区尺度等要素之间的关系。

## （二）要素信息的收集

### 1.城市要素的信息特征

基于城市设计中城市图层的框架，收集所需要素的信息，首先需要明确该信息是可量化的数据性的，还是不可量化的描述性的。一般来说，不可量化的描述性信息主要来自隐性的、非可视化要素和用于描述某些关系的要素。

在进行城市研究与城市设计之前，需要筛选所需的要素及其信息数据，这一过程被称为"原始城市条件"。传统的原始城市条件是通过实地考察与调研而得到的，这种原始城市条件是城市物质空间形成与各类行为活动发生的最重要的因素，这些原始条件是城市隐性空间的一种，需要对其进行再现与表达，这种思想也被看作"解域化"的一种。也就是说，原始城市条件是从现有的空间结构以及隐性的、潜在的场域中发掘出来的要素及其信息。对于这些信息的显现，需要进一步地组织城市要素和城市地图的研究框架，通过图解、mapping等方式进行表达与操纵。这种操纵城市要素及其信息的行为，可以使其基于某种导向性来进行要素间关系的交互，将这种隐喻的关系与城市的物质空间相互关联起来。

### 2.信息收集渠道

在要素信息收集过程中，传统的城市设计信息是通过各种类型的政府文件、政府部门提供的各类基础资料、实地调研与考察获取的。由于计算机技术的日益更新，当代城市设计信息收集更多地采用大数据技术方法，同时配合一些量化分析方法，这种信息收集方法的改变，使得原本冗杂、海量的城市要素数据信息更易被存储、管理与分析。因此，许多城市工作者基于计算机技术的发展开始构建城市数据库，例如"数据景观"与"超级城市/数据城镇"数据库，这两个概念改变了传统城市设计的分析方法，使得可见的与不可见的城市要素均被可视化再现。同时，目前许多平台提供手机信令数据、公交出行数据以及网络商业数据等，或运用Python等语言从一些网络接口获得相应的城市数据，例如气候数据、地图数据等。

有些要素是用地理数据信息、图片信息进行描述的。地理数据信息具有许多基于卫星图像、航空摄像和GIS、3D地球图像信息来绘制的高精度地图数据库。除了地理空间信息，还有基于遥感的气候类信息数据库，例如Wudapt、Landsat、USGS等的数据库。图片信息主要在街区尺度的城市设计研究中应用较多，例如各个地图平台中的公共开放空间工具可以与开放街区地图、City Engin、步行和骑行系统环境扫描、行人环境数据扫描、步行可行性评估工具等数据平台为人本尺度的城市街道空间环境提供量化、图像化的数据，用于绿化、公共空间、城市色彩、人群活力及社会安全等分析及人本尺度的环境评价，以及基于卫星图像、地图平台的街景照片、互联网专业图片网站、社交网络平台等图片数据库而产生的"图片城市主义"，许多图片信息同时携带该图片的地理数据信息，便于其在城市图层系统之中进行空间呈现。

### （三）图层要素信息的表达

城市设计中每一个城市图层都是由要素及要素间的关系所组成的，同时不同图层下的要素也可能会有一定的关联，通过这些关系构建出相应的图层系统。所以图层的表达不仅包含了每个内在要素的表达，还包含了要素间关系的分析表达和要素的分析评价表达。图层要素的信息表达主要包含显性和隐性两类要素的信息表达，以及要素间的关联逻辑、要素的研究评价综合信息的表达，在表达上各有不同（图6-18）。

在图层和要素的信息表达过程中，mapping和图解方法是主要的研究方法。在某种意义上，mapping也是图解方法的一种，是通过地图的方式对空间进行认知，更注重对潜在力量的呈现，是将数据信息与地理空间信

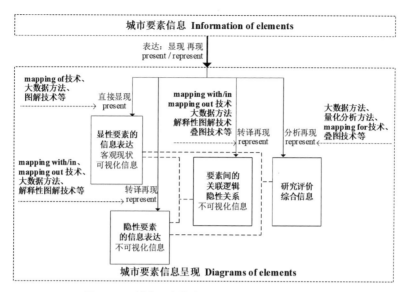

图6-18　城市要素信息呈现的特征、方法与过程

图片来源：作者自绘

息叠加，呈现在地理地图上的一种分析方法。

### 1.显性图层要素的信息表达

对于显性要素的表达，可以将其信息直接投射到信息载体之上，一般呈现在城市地图或三维城市空间模型之上，这一表达过程可称为"显现"，主要运用主题性地图、mapping地图和图解图示等方式进行显现。显性要素客观信息的直接显现，是基于大数据方法收集的数据信息，解释性的图解技术方法就是将城市要素的现象通过各种点线面、结构、形式进行抽象化、图示化表达[273]。

显性要素的表达中，应用最多的mapping技术方法即"场域—提取物—绘制"的操作方法与步骤，可以高效、客观地将提取物与其间的关系可视化地表达在场域之中，形成mapping信息地图或者图解。

显性图层要素的信息表达过程，需要考虑影响设计的外在要素（即空间的外在性图解）和内在要素（即空间的内在性图解）。随后，运用mapping of技术方法将要素的信息直接映射到城市空间及地图之上（图6-19）。

mapping of技术方法是mapping方法的 一种，主要功能是将空间的客观现状显现于地图之上[282]。

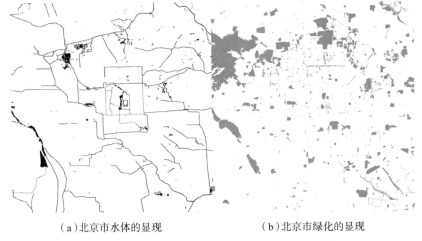

（a）北京市水体的显现　　　　　　　　（b）北京市绿化的显现

**图6-19　mapping of技术方法的客观显现应用**[263]

图片来源：作者自绘

### 2.隐性图层要素的信息表达

不同于显性要素，隐性要素的信息多为不可视化信息，需进行二次处理，通过转译，使其符号化、图像化，揭示隐性城市要素在城市空间中的作用机制与关系后，再映射到城市空间及地图之上，是信息的"再现"。城市设计中的隐性空间和要素主要存在于社会空间和人的心理空间。mapping、大数据、解释性图解技术等技术方法是隐性图层要素信息表达的主要应用方法。

"漂移"方法属于mapping的一种实践方法，本质上是将无目的性的漫游和转移的体验进行空间再现，以打破主流的城市结构及意象，将被忽略的日常生活与城市空间进行映射，一般用于对市民日常行为活动路径、心理认知、空间知觉等方面城市要素的表达[280]。空间认知的重点在于空间与"看不见的权力"，即隐性要素之间的对应关系[281]。

上述漂移方法与mapping for、mapping with/in技术方法都是隐性要素信息再现的主要技术方法。mapping for技术方法是为了某种特殊目的而设计的，用于再现二次处理的信息。mapping with/in技术方法是通过某种特殊媒介，将人的"体验"绘制成地图的再现方法，与漂移地图类似[282]。也有许多研究市民心理空间的主题性地图，例如早期的城市意象地图和当代的POI兴趣点分析。对于一些城市认知空间、社会空间的城市要素及隐性关系分析，还需要采取城市抽象空间的量化分析方法。

### 3.图层要素关联逻辑和研究评价信息的表达

城市图层系统中图层要素之间的关联逻辑以及要素的研究评价综合信息多为隐性信息。对于这种隐性关系的表达，首先要对逻辑关系、要素评价进行转译和分析，而后将分析结果再现于各种表达方式之中。图层要素间关联逻辑的表达过程主要运用mapping with/in、mapping out技术、大数据方法、解释性图解技术和叠图技术等。图层要素研究评价信息的表达过程主要运用大数据方法、量化分析方法、mapping of技术、叠图技术等。

城市设计的重点应转向"之间的形式"，而非"本体的形式"，强调要素间关系的重要性，这种关系多为隐性关系和信息，其表达需要进行转译再现。不同于隐性要素的表达，隐性关系的转译再现需要运用叠图技术方法，通过将不同要素进行分层叠加，揭示其要素间的内在关系，再运用解释性的图解技术方法将关系进行符号化、图示化的表达，将其强调出来。最后应用爱德华·凯西提出的mapping with/in和mapping out技术方法来转译并显现体验性、沉浸性、交互性的隐性关系。

对城市要素的分析再现包含了对要素进行二次研究分析及价值评价等过程。可以运用大数据分析方法收集数据信息，运用相应的城市空间量化分析方法对其进行研究分析，形成不同的主题性地图，相互叠加在同一底图上，运用mapping for技术方法有指向性地对城市要素进行分析及再现。城市要素的表达需要运用到解释性图解，而要素的研究和图层的生成采用了生成性的图解技术方法（图6-20）。

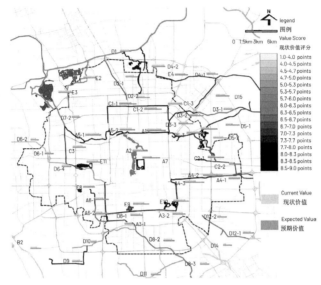

图6-20　运用mapping for技术方法再现北京滨水空间的空间价值[263]

图片来源：作者自绘

## 四、城市设计中城市图层系统内的动态交互与叠加

依据上述要素的表达与图层框架的生成，将每一个城市图层内要素的信息通过叠加等方法形成相应的图层。城市图层系统的图层内部由不同等级的城市要素组成，因此其具有一定的厚度化特征，每一个图层通过其内部城市要素的信息厚度化叠加形成。同时各个图层通过信息和动态关系的交互组成了完整的城市图层系统，用于指导进一步的城市设计工作（图6-21）。

### （一）图层内的厚度化信息处理

#### 1.图层内要素间的作用机制

城市图层内的城市要素信息之间的算法，并非简单的叠加，而是基于城市要素的等级、要素间的各种关系、要素与图层间的作用机制来进行

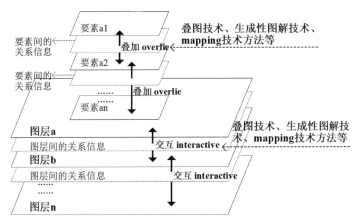

图6-21 城市图层系统内的动态交互与叠加示意图

图片来源：作者自绘

非线性叠加。城市图层系统对其内部的厚度化信息处理需要首先明确图层内要素间的作用机制，而后选择相应的技术方法进行信息叠加。每一个城市图层内部都有诸多城市要素，这些城市要素具有不同的等级和重要程度，需要按照其等级与权重来进行叠加（图6-22）。

每一个城市要素都不是独立存在的，其与所在图层及其他要素相关联，基于这些关系而组成相应的城市图层。基于上文对单一城市要素的关系的分析，可以将图层内部要素的关系分为3类：一是要素与所在图层内

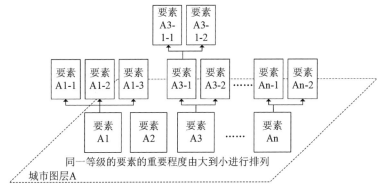

图6-22 城市图层内要素的组织框架

图片来源：作者自绘

其他的城市要素之间的关系，不同等级的要素间存在着包含的关系（上一级要素是由下一级要素所构成与影响的），不同重要程度的要素可以用权重来描述其关系。二是要素与所在图层之间的作用机制，研究单一要素的变化是如何影响所在图层的。三是要素与其他图层中的要素之间的关系，一般来说这种跨图层的要素间的关联度不是很强，在一些分析中甚至可以忽略。

将城市设计要素的信息数据与地理空间位置相对应后，可以分析该要素在城市空间中的属性，同时多源化、多维度的城市要素组或图层的大数据分析则可以得到相应的城市空间的特征、属性与演变机制等。通过多元化、多维度的大数据联动分析，来"提取城市空间的属性"，使得城市设计中的基础研究更加的客观、科学、全面。

城市设计中城市图层内部的要素信息和关系信息的表达，运用mapping等技术方法使其厚度化、分层级化地呈现，同时将被分解的图层内要素信息基于新的关联方式重新进行组合叠加研究，以展现每个图层的表象及其复杂程度。透明性分析在要素信息的叠加中起到了重要作用。

## 2.图层内信息厚度化处理方法

城市图层系统的每一个图层内的要素信息的厚度化处理，主要基于叠图技术方法、mapping技术方法以及衍生出来的拼贴方法等。

叠图方法作为图层内信息厚度化处理的最重要的方法，其本质上是对城市要素的信息进行叠加。随着科学技术的发展，这种叠加由早期第一代的图纸叠加，即环境资源分析地图研究，仅仅是简单的要素分层叠加，并无任何的数据分析与处理，转向第二代的增加了权重的图纸叠加，即因子分层分析法，又名"千层饼模式"，这种叠加方法将涉及的要素分为不同的等级，形成不同的图层，而后赋予相应的权重，每一个要素绘制成一种地图，运用其图纸的透明性进行叠加，虽然考虑了要素的重要程度，但依旧是线性的叠加，无法表示非线性的关系。第三代的叠图方法是基于计算机技术的叠图方法，应用更具策略性和控制性的分层示意图，通过交叉及合成，使叠图方法更具包容性，避免了缩减信息和武断设计，同时计算机技术便于要素和图层信息的管理、储存与分析，可以进行更复杂的关系分析，这一时期的叠图方法开始对要素间的非线性关系进行研究与分析。第四代的叠图方法是基于大数据方法演进的，是基于GIS技术平台与方法，将景观和城市规划从简单的地图叠加转向地理空间数据信息的叠加，此时的叠图方法不仅可以考虑要素间的非线性作用机制，还强调了立体空间维度的要素数据信息叠加[284]。此外，还应考虑隐性的象征性要素、历史性要素在更多维度上的叠加。

城市图层内部要素信息进行厚度化处理的过程中，一般是将mapping或主题性地图作为图层的信息载体及叠加时的参考系，基于城市图层的半透明性特征，便于叠加时对图层的参照及要素信息的保留。mapping技术方法除了在叠图过程中起到底图参考系的功能外，也对隐性要素信息间的叠加提供了相应的方法。"层叠"（layering）方法是mapping技术方法的一种，是将不同的独立图层进行叠加，主要是针对"场域"及场地的文脉进行叠加，以形成新的方案形式，可以应用在更多隐性的城市象征要素的信息厚度化处理之中[268]。

除了叠图技术方法，拼贴方法也是进行城市图层内要素信息的厚度化处理的方法之一。拼贴方法较为自由，可以将地图、图片等依据一定思维方式进行叠加或拼贴，通常是将照片、地图等进行拼贴，是介于空间认知艺术与技术之间的一种模糊图像。理论上，基于不同的逻辑方式，所有类型的图示语言都可以拼贴在同一张图纸之上，用于表达设计者的意图，或者用于解读城市空间的意义与内涵。拼贴方法受到设计师与绘图者的主观意识影响较大，因此其目的性与干预性更加明确、清晰。

城市图层中城市要素的叠加，应该更加注重叠加时要素间的关系，并非简单的线性或赋予权重的量化叠加，而是一种复杂的组合叠加；同时，应摆脱简单的图纸叠加的思维桎梏，相较于拼贴更具逻辑性，强调要素在空间关系上的多维度叠加。

## （二）图层间的动态关系交互

### 1.图层系统内的作用机制

城市设计中的城市图层系统并非简单的树形结构或分层结构，而是一个基于网络关系组成的复杂结构。这种关系网络包含图层内要素与要素的关系、图层与图层的关系以及隶属于两个图层的要素之间的关系等多个层级（图6-23），不是每个要素或图层之间都存在一定的关系。城市图层系统是由一系列特殊地图及编码符号组成的，将各种关系作为城市图层系统的结构骨架，基于这些关系来组织整个结构的无固定生长方向的多元网络，其生成过程即一种动态映射[281]。

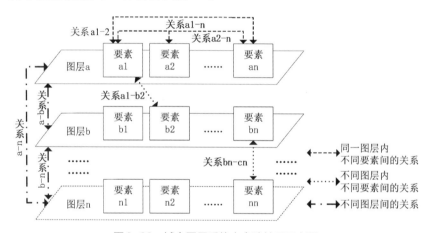

**图6-23 城市图层系统内多种关系示意图**

图片来源：作者自绘

城市图层系统具有时空尺度特征，是一个动态发展的系统，是对众多要素及图层的空间关系及其动态化的变化进行认知的体系。城市图层系统是将多个维度下不同图层的信息相互叠加，并由图层间的关系进行交互形成的。

城市设计中的城市图层系统包含多个子系统，每个子系统又包含了多个图层，这些子系统和图层具有相对独立的动态特征，但又相互交织构建起整个系统，它具有一定的动态平衡和互动特性。目前许多城市问题都是由于城市中各个图层或子系统之间的关系存在矛盾与冲突，图层内部存在漏洞而导致的，所以，城市设计就是要找出这些问题所在，协助各个图层修复其漏洞，协调各个图层或子系统之间的关系，减少图层间和系统内部的矛盾，强化图层或要素与整体系统间的关联。

### 2.图层的并置与叠加

城市设计中城市图层的并置，是基于城市设计的基本逻辑，结合城市设计项目的需求以及规划师的目的进行的。这种图层间的并置，存在着一定的主观性与目的性。将存在一定的潜在关系的城市图层并置在一起，通过图层间的叠加，分析它们之间的影响与相互作用机制。这种城市图层间的并置组合具有一定的针对性，不同的城市设计项目中城市图层有着自己独特的组合关系。

首先，隐性的城市图层可以与显性的城市图层并置在一起，通过对其进行叠加，分析出隐性的城市图层是如何作用并影响显性城市图层的。例如，市民活动图层可以与城市的公共空间图层并置在一起，通过叠加分析出市民活动是怎样影响城市公共空间的分布、结构与形态的，也可以通过城市公共空间的布局推敲出市民的活动特征，二者是相互影响的。其次，城市的生态图层可以与城市的物质空间图层进行并置叠加。城市的生态安全格局优先于城市的空间建设，所以城市的生态空间对物质空间具有一定的限制作用，城市的生态环境同时也可以优化城市的物质空间，所以城市的生态图层与物质空间图层相互制约又相互辅佐。通过对城市设计项目中生态图层与物质空间图层的并置叠加，可以挖掘出该项目的规划限制条件和潜在发展机遇。再次，隐性的城市图层之间也可以通过并置和叠加来发现其内在的关系，这多指城市的抽象空间图层之间的并置与叠加。隐性的图层和要素之间的关系比显性的图层和要素间的关系更为复杂，它们中许多关系是不可视的，不在规划师的日常认知范畴之内的，需要通过研究与分析发现其内部的规律，以及它们是如何作用于城市的物质空间之中的。例如，城市的社会空间图层和城市的市民收入图层，社会空间和市民收入都是隐性的，然而它们之间存在着一些必然的联系，市民的收入直接影响着社会组织，同样社会空间存在着一定的集聚效应，使得收入相同的人集聚在一起。同时，城市的社会空间图层和市民收入图层又通过其他的联系影响着城市的物质空间，例如住区形态、社区组织等要素。

### 3.动态关系交互方法

城市图层应以大数据方法为信息基础，基于mapping、主题性城市地图等信息载体，运用叠图、叠加、反向图解技术方法，在一个底图图层（即参考系）的基础上叠加其他的城市图层，通过分层级、"自下而上"的叠加，形成城市图层系统，同时对图层内涵盖的所有信息及图层间的交互关系进行整合。在整个叠加与交互的过程中，需要注意城市图层间关系的动态变化，对其进行调整与操作，使其与其他图层一起共同作用在城市图层系统之中。此外，城市图层间关系的动态变化是存在着一定的逻辑秩序的，把握好这种逻辑秩序，可以完善城市设计中每一个独立、破碎的部分。

图层叠加方法还可以运用计算机技术，将城市设计中的要素转化为图形模式，将其分为不同的图层进行叠加，以此探索要素间的关系与形成原因，并且通过图层解构的方法分析出每个要素和图层是如何影响整体城市设计的空间结构与形态的[316]。

城市图层系统中每一个城市图层都是整体系统的一部分，这些图层间的动态关系，决定了一旦某一个图层发生改变，则其他图层及整个系统都会发生变化。因此，在图层动态信息的交互过程中，找到这种动态过程的"平衡点"，使得整个城市图层系统处于一种稳定、相互协调的状态，是形成一个良好的城市设计方案的重要步骤。

城市图层系统内图层间的动态关系交互是图层的不断叠加过程，本质上是对城市设计所涉及的城市要素进行梳理和调整的过程，基于城市设计场地中原有的逻辑关系与空间秩序，以及图层间的动态关系与秩序，获得相应的城市设计成果。图层叠加方法强调在方案的叠加与生成过程中，找到一个新的"平衡点"，以形成更加完善的城市设计方案。

### 五、城市设计中城市图层系统的技术框架整合

大数据分析方法、叠图技术方法、mapping技术方法、图解技术方法和一些量化分析方法在城市图层系统研究的技术路径中起到了重要作用。城市设计是综合性的学科，随着学科交叉及研究方法的发展，一些方法在演进过程中已经产生了一定的交叠，例如，一些生成性图解的操作过程与mapping技术相互重合；计算机技术飞速发展后，叠图方法多基于mapping技术方法进行叠加操作；许多大数据分析方法需要结合量化分析方法及mapping技术方法进行研究等。这说明这些研究方法是可以被整合到一个城市设计技术框架之中的。

城市图层系统的建立需要多种研究方法协同作用，将研究方法与技术路径相结合，以此搭建完善的城市图层系统的技术框架。图6-24描述了一些研究方法与城市图层系统构建的技术路径之间的作用机制。每个步骤都运用了多种研究方法，不尽相同，有主有次。同样，每一种研究方法也出现在多个城市图层系统的技术框架构建中，根据不同的操作需求，分别起到不同程度的作用（表6-3）。

各种技术方法在城市图层系统构建中的作用　　　　　　表6-3

| 过程 | 步骤 | 研究方法 | | | | | |
|------|------|----------|----------|----------|----------|----------|------|
| | | 大数据分析方法 | mapping技术方法 | 图解技术方法 | 叠图技术方法 | 量化分析方法 | 其他方法 |
| 过程1城市空间的抽象化和要素化 | 现实空间抽象化 | 非主要作用 | 非主要作用 | 非主要作用 | 非主要作用 | 非主要作用 | 逻辑抽象思维 |
| | 抽象空间解构 | 非主要作用 | 分层级研究 | 生成性图解方法 | 分层分析空间与资源 | 非主要作用 | |

| 过程 | 步骤 | 研究方法 | | | | | |
|---|---|---|---|---|---|---|---|
| | | 大数据分析方法 | mapping技术方法 | 图解技术方法 | 叠图技术方法 | 量化分析方法 | 其他方法 |
| 过程1 城市空间的抽象化和要素化 | 抽象空间要素化 | 非主要作用 | 非主要作用 | 解释性图解方法 | 非主要作用 | 非主要作用 | 分形学思维 |
| | 要素的筛选与隔离 | 数据收集，筛选主要要素 | 非主要作用 | | 对要素进行分层分析，提取相关要素 | 非主要作用 | 分形学、建筑类型学思维 |
| 过程2 图层内信息的梳理与表达 | 图层框架的整合与梳理 | 非主要作用 | 非主要作用 | 生成性图解方法 | 非主要作用 | 非主要作用 | |
| | 要素信息的收集 | 基于城市数据库 | 非主要作用 | 非主要作用 | 非主要作用 | 分析与整理数据 | |
| | 要素信息的直接显现 | 数据收集 | mapping of 技术 | 解释性图解方法，用于要素的图示化表达 | 非主要作用 | 非主要作用 | |
| | 要素信息的转译再现 | 数据收集及分析 | mapping with/in 和 mapping out 技术 | 解释性图解方法 | 非主要作用 | 非主要作用 | |
| | 要素间关系的转译再现 | 数据收集及分析 | mapping with/in 和 mapping out 技术 | 解释性图解方法 | 通过要素间的叠加，发现其内在关系 | 对要素间的关系进行分析 | |
| | 要素信息的分析再现 | 数据收集及分析 | mapping for 技术 | 解释性图解用于图示化表达，生成性图解用于要素研究及图层生成 | 将不同的要素地图进行叠加研究，生成相应的综合性地图 | 运用相关的量化分析方法对要素进行分析评价 | |
| 过程3 系统内的动态交互与叠加 | 图层内的信息叠加 | 非主要作用 | 作为要素信息载体及叠加的参考系 | 生成性图解方法及反向图解 | 分层级叠加要素，形成相应图层 | 非主要作用 | |

城市图层系统与城市设计

216

| 过程 | 步骤 | 研究方法 | | | | | |
|---|---|---|---|---|---|---|---|
| | | 大数据分析方法 | mapping技术方法 | 图解技术方法 | 叠图技术方法 | 量化分析方法 | 其他方法 |
| 过程3 系统内的动态交互与叠加 | 系统内的动态交互 | 非主要作用 | 作为图层信息载体及叠加的参考系 | 生成性图解方法及反向图解 | 分层级叠加各个图层 | 非主要作用 | |

表格来源：作者自绘

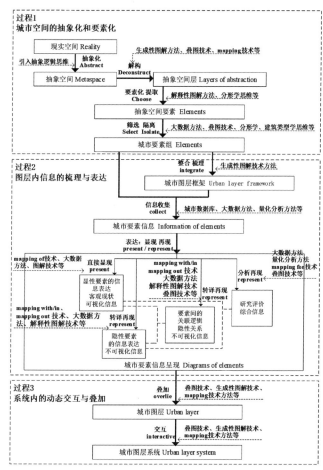

图6-24 城市图层系统构建的技术框架

图片来源：作者自绘

第六章 城市设计中城市图层系统的技术方法体系

　　城市图层系统研究是一种将城市设计中的要素整合于一体的思想。本书首先梳理了图层思想在城市设计中的发展脉络，并且从哲学认知观、科学认知观和学理认知观中总结与图层相关的认知内容，为城市图层系统的研究提供思想基础。本书认为城市设计中的城市图层系统研究框架应该从认知体系、理论体系和方法体系3个方面进行构建。基于此，本书取得的主要结论如下：

　　1.通过梳理城市设计理论及方法中图层思想的发展演变，可以看出城市图层思想分别从城市生态空间、物质空间、抽象空间3个方面进行发展。其中城市物质空间的相关理论与研究最多，与图层思想相关的研究方向为城市结构及空间分层和城市空间及要素图解。城市生态景观理论中的图层思想产生于地图叠加方法及景观设计学，目前城市主题地图及数字化城市设计的理论对城市图层系统影响较深。城市抽象空间中与图层相关的理论较多，但研究不深，应用较少，主要有心理认知、社会空间和历史文脉等研究方向。

　　2.城市图层思想的发展与认知源于哲学认知、科学认知和学理认知。理清上述认知观中的图层思想发展脉络，可以构建起城市图层系统的认知框架。城市图层系统借鉴哲学、科学、学理认知中的思想，从理论构建、方法论探索以及应用层面初步建立起城市图层系统的认知框架。

　　3.依据城市设计中与图层相关的理论基础，本书提出并研究了城市设计中城市图层系统的相关概念与理论。本书认为城市图层是包含了城市中各种要素及其关系，包含了物质空间、生态、经济、人文等方面综合信息的叠加成果，包含了每个城市要素的显性可视化信息以及隐性不可视化信息，是一种动态的信息载体。每一个城市图层都是由特定的要素组成的，而图层之间又通过交互叠加的方式来构成完整的城市图层系统。城市图层系统具有整合性和针对性特征，其中的图层与要素具有一定的内聚性。本书将城市图层系统分为生态空间、物质空间、抽象空间3个系统，并对其内部的图层组、图层与要素进行分类，每个图层组与要素都结合相关的城市设计项目案例，来进行详细的阐述，以明确城市图层系统是如何在城市设计实践中进行应用的。

4.当代城市设计孕育了一些科学研究方法，其中图解技术、mapping技术、叠图技术、城市空间的量化分析以及大数据分析等研究方法，可以为构建城市设计中的图层系统提供技术基础及方法支持。本书认为城市图层系统的技术路径应该分为城市空间抽象化和要素化、图层要素信息的梳理与表达以及系统内的动态叠加与交互3个过程。将上述研究方法及一些未提及的研究方法引入城市图层系统的构建路径中，系统地搭建城市图层系统的技术框架，完善城市图层系统的方法体系。

结合城市图层系统的理论与方法，可以将其应用于国土空间规划城市设计的实践中。同时，利用城市图层系统的图层化、半透明化特征，从各级各类城市设计的编制、用途管制与规划许可、工作方法与成果形式等方面进行应用，将城市图层系统与国土空间规划的城市设计管控体系相结合。从地块精细化研究到规划许可等过程、从工作方法到编制成果中，将城市图层系统与城市设计相衔接，优化国土空间规划中城市设计的应用。

参考文献

[1] 朱渊. 基于"地图术"理念的当代"毯式建筑"之生成特性初析 [J]. 建筑师，2012，159（5）：12-17.

[2] 杨一帆. 大尺度城市设计定量方法与技术初探——以"苏州市总体城市设计"为例[J]. 城市规划，2010（5）：88-91.

[3] 2016年中央城市工作会议报告[R]. 2016.

[4] 王建国. 21世纪初中国城市设计发展再探[J]. 城市规划学刊，2012（1）：1-8.

[5] Corner J. *Eidetic Operations and New Landscapes*[M]// CORNER J. *Recovering Landscape*：*Essays in Contemporary Landscape Architecture*. New York：Princeton Architectural Press，1999：144-164.

[6] 中华人民共和国中央人民政府. 中共中央 国务院关于建立国土空间规划体系并监督实施的若干意见 [EB/OL]. https：//www.gov.cn/zhengce/2019-05/23/content_5394187.htm.

[7] 吴志强. 国土空间规划的五个哲学问题[J]. 城市规划学刊，2020（6）：7-10.

[8] Spreiregen P. D. *Urban Design*：*the Architecture of Towns and Cities*[M]. New York：McGraw Hill Book Company，1965.

[9] 埃德蒙·培根. 城市设计[M].黄富厢，朱琪，译. 北京：中国建筑工业出版社，2003.

[10] 克里斯托弗·亚历山大. 城市并非树形 [J]. 严小婴，译. 建筑师，1985（6）：206-224.

[11] 谷凯. 城市形态的理论与方法 [J]. 城市规划，2001（12）：36-41.

[12] Trancik R. *Finding Lost Space*：*Theories of Urban Design*[M]. Wiley，1986：97-100.

[13] Ungers O. M. *The Diatectic City*[M]. Milan：Skiraeditore，1997.

[14] Hoog M. D，Sijmons D.，Verschuuren S. *Het Metropolitane Debat*[C]// Herontwerp van het Laagland. Frieling D. H. Bussum，1998：121-138.

[15] Jeroen V. S，Klaasen I. *The Dutch Layers Approach to Spatial Planning and Design*：*A Fruitful Planning Tool or a Temporary Phenomenon?*[J]. *European Planning Studies*，2011，19（10）：1775-1796.

[16] Harrison C，Ian A.D. *A Theory of Smart City*[C]. Proceedings of the 55th Annual Meeting of the ISSS，2011.

[17] Vanolo A. *Smartmentality*：*the smart city as disciplinary strategy*[J]. *Urban studies*，2014，51（5）：883-898.

[18] 普雷斯顿·詹姆斯，杰弗雷·马丁. 地理学思想史 [M]. 李旭旦，译. 北京：商务印书馆，1983.

[19] 岳邦瑞. 图解景观生态规划设计原理 [M]. 北京：中国建筑工业出版社，2017.

[20] Neckar L. M. *Developing Landscape Architecture for the Twentieth Century*：*The Career of Warren H. Manning*[J]. *Landscape Journal*，1989，8（2）：79-91.

[21] Passarge S. *Die Grundlagen Der Landschaftskunde V2*：*Ein Lehrbuch Und Eine Anleitung Zu Landschaftskundlicher Forschung Und Darstellung*[M]. Berlin：Kessinger Publishing，2010.

[22] Lewis P. H. *Tomorrow By Design*：*A Regional Design Process for*

*Sustainability*[M]. New York，John Wiley and Sons Ltd.，1996.

　　[23] 伊恩·麦克哈格.设计结合自然[M].芮经纬，译.北京：中国建筑工业出版社，1992.

　　[24] 弗雷德里克·斯坦纳.生命的景观[M].周年兴，李小凌，俞孔坚，译.北京：中国建筑工业出版社，2004.

　　[25] 威廉·马什.景观规划的环境学途径[M].朱强，黄丽玲，俞孔坚，译.北京：中国建筑工业出版社，2006.

　　[26] Miller E. L. *Environmental Conscience Before Ian Mc Harg*[J]. Landscape Architecture，1999，89（12）：58-62.

　　[27] Corner J. *Landscape Urbanism*[M]// Moshen Mostafavi，Ciro Najle. *Landscape Urbanism：A Manual for the Machinic Landscape*. London：The Architectural Association，2003.

　　[28] Hagget P.，Chorley. *Network Analysis in Geography*[M]. London：Edward Arnold（Publishers）Ltd.，1969.

　　[29] Hillier B.，Hanson J. *The Social Logic of Space*[M]. Cambridge：Cambridge University Press，1984.

　　[30] Stephen Marshall. *Streets and Patterns*[M]. New York：Routledge，2004.

　　[31] Freeman C.，Buck O. *Development of an Ecological Mapping Methodology for Urban Areas in New Zealand*[J]. *Landscape & Urban Planning*，2003，63：161-173.

　　[32] 任超，吴恩融.城市环境气候图——可持续城市规划辅助信息系统工具[M].北京：中国建筑工业出版社，2012.

　　[33] Lindqvist S.，Mattsson J. *Topoclimatic maps for different planning levels—some Swedish examples*[J]. *Building Research and Practice*，1989（5）：299-304.

　　[34] Evans J. M，Schiller S. *Climate and Urban Planning：The Example*

参考文献

*of the Planning Code for Vicente Lopez*, *Buenos Aires*[J]. *Energy and Buildings*, 1991（15）：35-41.

[35] Kim H. O. *Beitrag sehr hochauflosender Satellitenfernerkundungsdaten zur Aktualisierung der Biotop und Nutzungs-typenkartierung in Stadtgebieten-Dargestellt am Beispiel von Seoul*[D]. Berlin：der Technischen Universitat Berlin, 2007.

[36] Moriyama M., Takebayashi H. *Making method of "Klimatope" map based on normalized vegetation index and one-dimensional heat budget model*[J]. *Journal of Wind Engineering and Industrial Aerodynamics*, 1999, 81：211-220.

[37] Stewart I. D., Oke T. R. *Local Climate Zones for Urban Temperature Studies*[J]. *Bulletin of the American Meteorological Society*, 2012, 93（12）：1879-1900.

[38] Stewart I. D., Oke T. R, Scott K.E. *Evaluation of the "local climate zone" scheme using temperature observations and model simulations*[J]. *International Journal of Climatology*, 2014, 34：1062-1080.

[39] Arai Y. *Application of Ecological Map & Planning for High Dense Build-up Area*：*Case Study of Ogu*, *Arakawa-ku*[J]. *Urban Housing Sciences*, 1996：179-184.

[40] Anthony F. *Urban Ecological Design*：*A Process for Regenerative Places by Danilo Palazzo and Frederick Steiner*[J]. *Ecological Restoration*, 2014, 32（1）：106-107.

[41] Mozhgan S. B. *Using landscape metrics in rehabilitation of urban ecological network*[J]. *BAGH-I-NAZAR*, 2015（12）：53 -62.

[42] 朱文一. 空间·符号·城市：一种城市设计理论[M]. 北京：中国建筑工业出版社，1995.

[43] 陈天. 城市设计的整合性思维[D].天津大学，2007.

[44] 刘堃. 城市空间的层进阅读方法研究[M]. 北京：中国建筑工业出版社，2010.

[45] 周正. 城市形态图层分析体系研究[D]. 哈尔滨工业大学，2018.

[46] 张小娟. 智慧城市系统的要素、结构及模型研究[D]. 华南理工大学，2015.

[47] 罗军. 基于多尺度层次的深圳城市平面格局演进研究[D]. 华南理工大学，2017.

[48] 顾大治，王彬. 城市高度形态模型构建及管控体系研究[J]. 城市发展研究，2019，26（12）：68-85.

[49] 贺志军. GIS在生态城市设计中的应用框架研究[D]. 哈尔滨工业大学，2012.

[50] 孙钊. 生态城市设计研究——以武汉市为例[D]. 华中科技大学，2012.

[51] 季宇虹. 地学信息图谱在城市生态信息表达中的应用——以南京市为例[D]. 南京信息工程大学，2011.

[52] 刘姝宇. 城市气候研究在中德城市规划中的整合途径比较研究[D]. 浙江大学，2012.

[53] 刘姝宇，宋代风，王绍森. 德国城市气候地图发展及其规划引导作用衍化[J]. 国际城市规划，2015（3）：84-90.

[54] 宋代风，刘姝宇，余波，等. 基于气候承载力评估的城市气候地图方法研究——以厦门市为例[J]. 城市建筑，2017（1）：33-38.

[55] 葛平安. 适宜快速城市化背景下的湿热地区城市气候图初步研究[D]. 华南理工大学，2014.

[56] Chen L., Ng E. *Quantitative urban climate mapping based on a geographical database: A simulation approach using Hong Kong as a case study*[C]. *International Journal of Applied Earth Observa*, 2011, 13（4）：586-594.

[57] Rcn C., NG E., Katascher L. *Urban climatic map studies*: *a review*[J]. *International of Climatology*, 2011, 31 (15): 2213-2233.

[58] Cai M., Ren C., Xu Y., et al. *Climate Impacts on China's Terrestrial Carbon Cycle*: *An Assessment with the Dynamic Land Ecosystem Model*[C]. *Procedia Environmental Sciences*, 2016 (36): 82-89.

[59] 杨义凡，马文军. 基于城市气候信息图集的城市建设与规划研究 [C]. 2012 城市发展与规划大会论文集，2012.

[60] 唐燕. 德国气候地图的绘制和使用——多尺度的气候变化应对 [C]. 住区，2015 (1): 18-27.

[61] 贺晓冬. 北京城市气候图系统的初步建立 [C]. 南京大学学报，2014 (11): 759-771.

[62] 王建国. 城市空间形态的分析方法 [J]. 新建筑，1994 (1): 29-34.

[63] 何文茜. 澳门半岛城市叙事空间研究 [D]. 中南大学，2012.

[64] 刘乃芳. 城市叙事空间理论及其方法研究 [D]. 中南大学，2012.

[65] 张平. 基于地图叠加法的南宁城市叙事空间研究 [D]. 中南大学，2011.

[66] 刘杰. 基于"空间叠析"的水网地区总体城市设计研究——以 "夹江县总体城市设计"为例 [D]. 西南交通大学，2014.

[67] 刘春成. 城市隐秩序——复杂适应系统理论的城市应用 [M]. 北京：社会科学文献出版社，2017.

[68] 董梦. 基于街景影像的城市意象空间分布特征研究 [D]. 北京建筑大学，2020.

[69] 李慧希. 基于地图术（mapping）的景观建筑学理论研究 [D]. 东南大学，2016.

[70] 翟宇佳，徐磊青. 城市设计品质化模型综述 [J]. 时代建筑，2016 (2): 133-139.

[71] 王才强，刘文良. 多层次构成的新加坡公共空间 [J]. 新建筑，

2012（5）：4-9.

[72] 高雁鹏，徐筱菲，修春亮.基于 GIS 的沈阳旧城区叙事空间研究[J].人文地理，2018，161（3）：52-59.

[73] 王奕松，黄明华."结构整合"与"渐进引导"——对我国城市设计时间维度的思考[J].规划师，2019，35（23）：69-75.

[74] 鲁道夫·阿恩海姆.视觉思维——审美直觉心理学[M].滕守尧，译.成都：四川人民出版社，1998.

[75] 吴卫，付洋璐.探究"鲁宾杯"与图底反转中的视觉魔术[J].设计，2016（7）：148-150.

[76] 李梦然，冯江.诺利地图及其方法价值[D].新建筑，2017（4）：11-16.

[77] 蔡峰.城市地图下的城市——由城市地图的比较探讨影响中国城市形态演变的观念因素 [D].同济大学，2008.

[78] 斯蒂恩·拉斯姆森.建筑体验[M].刘亚芬，译.北京：中国建筑工业出版社，1990.

[79] 罗伯特·文丘里，丹尼斯·布朗，史蒂文·艾泽努尔.向拉斯维加斯学习[M].徐怡芳，王建，译.北京：水利水电出版社，2006.

[80] Bernard R. *Streets for People：A Primer for Americans*[M]. New York：Doubleday & Company，1969.

[81] 柯林·罗，罗伯特·斯拉斯基.透明性[M].金秋野，王又佳，译.北京：中国建筑工业出版社，2007.

[82] Peterson S. *Urban Design Tactics*[J]. *Architectural Design*，1979，49：76-81.

[83] Powell J. W. *The Exploration of the Colorado River and Its Canyons*[M]. London：Penguin Classic，2003.

[84] Eliot C. *The Boston Metropolitan Reservation*[J]. *The New England Magazine*，1896，21（1）：117.

227

参考文献

[85] 工龙. 叠图法在风景园林规划设计中的技术机制及有效性研究[D]. 西安建筑科技大学，2019.

[86] Peter W., Melanie S. *Invisible Gardens：The Search for Modernism in the American Landscape*[M]. Massachusetts：Massachusetts Institute of Technology，1994.

[87] Frederick S. *The Living Landscape：An Ecological Approach to Landscape Planning*[M]. New York：The McGraw-Hill Companies，2004.

[88] Ashie Y., Kodama Y., Asaeda T. *Climate Analysis for Urban Planning in Tokyo*[M]. Departmental Bulletin Paper，Kobe University，1998.

[89] Ozenda P., Borel J. *An Ecological Map of Europe：Why and How*[J]. *Life Sciences*，2000，323：983–994.

[90] Ozenda P. *The Emergence of Ecological Cartography*[M]. Pairs：CNRS Res，1978.

[91] 宋代风，刘姝宇，王绍森. 斯图加特城市气候地图评述与启示[J]. 城市发展研究，2015，22（12）：1-7.

[92] Wuman R. *Information Anxiety 2*[M]. Hoboken：Que Publishing，2002.

[93] Corner J. *The Agency of Mapping：Speculation，Critique and Invention*[M]// Cosgrove D. *Mappings*. London：Reaktion Books，1999：213-252.

[94] 王建国. 基于人机互动的数字化城市设计——城市设计第四代范型刍议[J]. 国际城市规划，2018，33（1）：1-6.

[95] 龙瀛，周垠. 图片城市主义：人本尺度城市形态研究的新思路[J]. 规划师，2017，33（2）：54-60.

[96] 杨俊宴，熊伟婷，曹俊，等. 基于智慧城市空间大数据的城市信息图谱建构研究[J]. 地理信息世界，2017，24（4）：36-41.

[97] Chen L., Xu S., Hou X., et al. *Study on the Framework of Environment Layer in Urban Layer System*：*Take the Comprehensive Urban Design of Waterfront Areas of Beijing as an Example*[C]. Proceedings of 54th ISOCARP Congress, 2019：684-692.

[98] Salingaros N. A. *Theory of the Urban Web*[J]. *Journal of Urban Design*, 1999, 4：29-49.

[99] Conzen M. R. G. *Northumberland*：*A Study in Townplan Analysis*[M]. *London*：*Institute of British Geographens*, 1969.

[100] Conzen M. R. G. *Morphogenesis*, *Morphological Regions*, *and Secular Human Ageny in the Historical Townscape*, *as Exemplified by Ludlow*[A]. Conzen, M. P., ed. *Thinging about Urban Form*[C]. Bern：European Academic Publishers, 2004：122.

[101] Kolars J., Nustuen D. *Geography*：*The Study of Location*, *Culture*, *and Environment*[M]. New York：McGraw-Hill Book Company, 1974.

[102] Duany A., Zyberk E. P., Alminana R. *The New Civic Art*：*Element of Town Planning*[M]. New York：Rizzoli, 2003.

[103] 孙施文. 现代城市规划理论 [M]. 北京：中国建筑工业出版社, 2007.

[104] Scheer B. *The Anatomy of Sprawl*[J]. *Places*, 2001, 14（2）：28-37.

[105] Shirvani H. *The Urban Design Process*[M]. New York：Van Nostrand Reinhold Company, 1985.

[106] 卢济威. 论城市设计整合机制 [J]. 建筑学报, 2004（1）：24-27.

[107] 王一. 从城市要素到城市设计要素——探索一种基于系统整合的城市设计观 [J]. 新建筑, 2005（3）：53-56.

[108] Shane D. G. *Urban Diagrams and Urban Modelling*[M]// Mark

Garcia.*The Diagrams of Architecture*. London：Wiley，2010：80-87.

[109] Allen S. *Field Conditions*[M]// *Points+Line*：*Diagrams and Project for the city*. Princeton：Princeton Architectural Press，1985.

[110] 斯坦·艾伦. 点+线——关于城市的图解和设计[M]. 任浩，译. 北京：中国建筑工业出版社，2007.

[111] Allen S. *Diagrams Matter*[J]. *Architecture New York*，1998，23：16-19.

[112] Aureli P. V. *After Diagrams*[J]. *Log*，2005（6）：5-9.

[113] Vidler A. *Diagrams of diagrams*：*architectural abstraction and modern representation*[J]. *Representations*，2000，72：1-20.

[114] Wouter D.，Garritzmann U. *Diagramming the contemporary*：*OMA's Little Helper in the Quest for the New*[J]. *OASE*，1998，48：83-92.

[115] Bunschoten R. *Stirring the City*：*CHORA's Diagrammatic Unshorten*[J]. *OASE*，1998，48：72-82.

[116] Dulic O.，Aladzic V. *Architectural Diagram of a City*[C]. The 3rd International Academic Conference of Place and Technologies 2016，2016：85-91.

[117] 布莱恩·麦克格拉斯. 城市设计的数字建模[M]. 胡素芳，译. 北京：电子工业出版社，2013.

[118] Mcgrath B. *Inhabiting the Forest of Symbols*：*From Diagramming the City to the City as Diagram*[M]//GARCIA M. *The Diagrams of Architecture*：*AD Reader*. London：Wiley，2010：153-161.

[119] Hall P. A. *Diagrams and their Future in Urban Design*[M]// Mark Garcia. *The Diagrams of Architecture*. London：Wiley，2010：163-169.

[120] Lueder C. *Thinking between diagram and image*：*the ergonomics of abstraction and imitation*[J]. *Architectural Research Quarterly*，2011，15（1）：57-67.

[121] 金广君. 图解城市设计[M]. 哈尔滨：黑龙江科学技术出版社，1991.

[122] 上海市规划和国土资源管理局. 上海市街道设计导则[S]. 上海：规划和国土资源管理局、交通委员会，2016.

[123] Lynch K. *The Image of City*[M]. Cambridge：MIT Press，1960.

[124] Schulz N. *Existence Space and Architecture*[M]. Santa Barbara：Praeger Publishers，1971.

[125] Schulz N. *Genius Loci*：*Towards a Phenomenology of Architecture*[M]. New York：Rizzoli Publications，1979.

[126] Golledge G. *Learning About Urban Environments*[J]. *Timing Space and Spacing Time*，1978（1）：76-98.

[127] 赵冰. 4！——生活世界史论[M]. 长沙：湖南教育出版社，1989.

[128] Ewing R.，Handy S. *Measuring the Unmeasurable*：*Urban Design Qualities Related to Walkability*[J]. *Journal of Urban Design*，2009，14（1）：65-84.

[129] Fagg C. C.，Hutchings G. E. *An Introduction to Regional Surveying*[M]. Cambridge：Cambridge University Press，1930.

[130] Rapoport A. *Human Aspects of Urban Form*[M]. New York：Pergaman Press，1997.

[131] Lefebvre H. *The Production of Space*[M]. NewJersey：Wiley-Blackwell，1991.

[132] Lefebvre H. *Everyday Life in the Modern World*[M]. New York：Harper，1971.

[133] Short J. R. *An Introduction to Urban Geography*[M]. London：Routledge and Kegan Paul plc.，1984.

[134] Jameson F. *Postmodernism，or，The Cultural Logic of Late*

参考文献

*Capitalism*[J]. *New Left Review*，1984，146（4）：53-64.

[135] Crooks A. T.，Croitoru A.，Jenkins A.，et al. *User-Generated Big Data and Urban Morphology*[J]. *Built Environment*，2016，42（3）：396-414.

[136] Dupuy G. *Urban Networks—Network Urbanism*[M].Amsterdam：Techne Press，2008.

[137] Braudel F. *The Wheels of Commerce*：*Civilization and Capitalism 15th-18th Century*：*2*[M]. New York：Harper & Row，1984：159-161.

[138] Braudel F. *Histoire et Sciences Sociales*：*La longue durée*[J]. *Annales Histoire Sciences Sociales*，1958，13（4）：725-753.

[139] Rossi A.，Consolascio E.，Bosshard M. *La costruzione del territorio*[M]. Uno studio sul Canton Ticino，Clup Milano，1979.

[140] 阿尔多·罗西. 城市建筑学 [M]. 黄士钧，译.北京：中国建筑工业出版社，2003.

[141] Rossi A. *The Architecture of the City*[M]. Cambridge：MIT Press，1982：35-41.

[142] 柯林·罗，弗瑞德·科特. 拼贴城市 [M]. 童明，译. 北京：中国建筑工业出版社，2003.

[143] Massey D. *Space*，*Place and Gender*[M]. Minneapolis：University of Minnesota Press，1994.

[144] Lyskowski M. *Historical anthropogenic layers identification by geophysical and geochemical methods in the Old Town area of Krakow （Poland）*[J]. CATENA，2018，163：196-203.

[145] 王树声. 文地系统规划研究 [J]. 城市规划，2018，42（12）：76-82.

[146] 沈克宁. 建筑现象学 [M]. 北京：中国建筑工业出版社，2007.

[147] 罗伯特·索科拉夫斯基. 现象学导论[M]. 高秉江，张建华，译.武汉：武汉大学出版社，2009.

[148] 埃德蒙德·胡塞尔. 纯粹现象学通论[M]. 李幼蒸, 译. 北京: 商务出版社, 1992.

[149] 胡塞尔. 现象学的方法[M]. 倪梁康, 译. 上海: 上海译文出版社, 2005.

[150] 张祥龙. 现象学七讲——从原著阐发原意[M]. 北京: 中国人民大学出版社, 2011.

[151] 马丁·海德格尔. 存在与时间[M]. 陈嘉映, 王庆, 译, 北京: 生活·读书·新知三联书店, 1987.

[152] Heidegger M. *Poetry, Language, Thought*[M]. New York: Harper Collins Publishers Inc., 1987.

[153] Heidegger M. *Being and Time*[M]. Stambaugh J., trans. Albany: State University of New York Press, 1996.

[154] 周毅刚, 袁粤. 于"此在"中追问建筑之意义——现象学视野下海德格尔的思想之启示[J]. 新建筑, 2018(5): 155-157.

[155] Maurice Merleau-Ponty. *Phenomenology of Perception*[M]. Colin Smith, trans. London: Routledge, 2002.

[156] 梅洛—庞蒂. 知觉现象学[M]. 姜志辉, 译. 北京: 商务印书馆, 2001.

[157] 鲍洁敏. 基于场所文脉评价的景观设计策略研究[D]. 东南大学, 2018.

[158] 梅洛—庞蒂. 行为的结构[M]. 杨大春, 张尧均, 译. 北京: 商务印书馆, 2010.

[159] 冯琳. 知觉现象学透镜下"建筑—身体"的在场研究[D]. 天津大学, 2013.

[160] 倪梁康. 关于空间意识现象学的思考内[J]. 空间现象学, 2009(9): 4-7.

[161] Heidegger M. *Building Dwelling Thinking*[M] // Heidegger M.

*Poetry*, *Language*, *Thought*. New York: Harper Co llins Publishers Inc., 1987.

[162] 诺伯格·舒尔兹. 存在·空间·建筑[M]. 尹培桐，译. 北京：中国建筑工业出版社，1990：4.

[163] 诺伯格·舒尔茨. 场所精神：迈向建筑现象学[M]. 施植明，译注. 武汉：华中科技大学出版社，1995.

[164] Seamon D., Mugerauer R. *Dwelling*, *Place and Environment*: *Toward a Ph-enomenology of Person and World*[M]. Dordrecht: Kluwer Academic Publi-shers, 1987.

[165] 凯文·林奇. 城市意象[M]. 方益萍，何晓军，译. 北京：华夏出版社，2001.

[166] 斯蒂文·霍尔. 锚：斯蒂文·霍尔作品专辑[M]. 符济湘，译. 天津：天津大学出版社，2010.

[167] Holl S., Pallasmaa J., Alberto P. G. *Preface of Questions of Perception*: *Ph-enomenology of Architecture*[M]. New York: William K. Stout Publishers, 2007.

[168] 哈尼·帕拉斯玛. 肌肤之目——建筑与感官[M]. 刘星，任丛丛，译. 北京：中国建筑工业出版社，2016.

[169] Palasmma J. *An Architecture of the Seven Senses*[J]. *Tokyo*: *A+U Architecture and Urbanism*, 1994：6.

[170] Rowe C., Slutzky R. *Transparency*: *Literal and Phenomenal*[J]. *Perspecta*, 1963（8）：45-54.

[171] 费尔迪南·德·索绪尔. 符号学核心术语（外语学术核心语丛书）[M]. 高名凯，译. 北京：商务印书馆，1996.

[172] 布朗温·马丁，费利齐塔斯·林厄姆. 普通语言学教程[M]. 罗伊·哈里斯，编译. 北京：外语教学与研究出版社，2021.

[173] Joseph B. *Charles Sanders Peirce*: *A life*[M]. Bloomington:

Indiana University Press，1993.

[174] 查尔斯·皮尔斯，詹姆斯·李斯卡. 皮尔斯：论符号 [M]. 赵星植，译. 成都：四川大学出版社，2014.

[175] 王浩任. 纪录片对广州城市形象的传播研究 [D]. 华南理工大学，2019.

[176] 李幼蒸. 理论符号学导论 [M]. 北京：中国人民大学出版社，2007.

[177] 亚历山大·卡斯伯特. 理解城市——城市设计方法 [M]. 邱志勇，译. 北京：中国建筑工业出版社，2016：77.

[178] 苏珊·朗格. 情感与形式 [M]. 北京：中国社会科学出版社，1986：4-5.

[179] 勃罗·德彭特. 符号·象征与建筑 [M]. 乐民成，译. 北京：中国建筑工业出版社，1991.

[180] 布正伟. 建筑语言概念的由来与发展 [J]. 新建筑，2000（2）：30-35.

[181] 彼得·柯林斯. 现代建筑设计思想的演变：1750-1950[M]. 英若聪，译. 北京：中国建筑工业出版社，1987.

[182] 罗伯特·文丘里. 建筑的复杂性与矛盾性 [M]. 周卜颐，译. 南京：江苏凤凰科学技术出版社，2017.

[183] 尹国均. 符号帝国 [M]. 重庆：重庆出版社，2008.

[184] 艾伦·科洪. 建筑评论——现代建筑与历史嬗变 [M]. 刘托，译. 北京：知识产权出版社和中国水利水电出版社，2005.

[185] Gottdiene M.，Lagopoulos A. *The City and Sign*：*An Introduction to Urban Semioitics*[M]. New York：Columbia University Press，1986：294.

[186] 阿摩斯·拉普卜特. 建成环境的意义——非语言表达方法 [M]. 黄兰谷，译. 北京：中国建筑工业出版社，2003.

[187]Piaget J. *Structuralism*[M]. New York：Basic Book，1970.

[188] 恩斯特·卡西尔. 人论 [M]. 甘阳，译. 北京：西苑出版社，2004.

[189] Cassire E. *Metaphysics of Symbolic Forms*：*A Philosophical Commentary*[M]. Thora Ilin Bayer：Yale University Press，2001.

[190] 乌蒙勃托·艾柯. 符号学理论 [M]. 卢德平，译. 北京：中国人民大学出版社，1990.

[191] Wikipedia[EB/OL]. http：//zh.wikipedia.org/wiki/ 地理学.

[192] Wikipedia[EB/OL]. http：//zh.wikipedia.org/wiki/ 测绘学.

[193] 安·布蒂默. 多元视角下的人地关系研究——在第 32 届国际地理大会上的主题演讲 [J]. 周尚意，吴莉萍，张镱宸，译. 地理科学进展，2013，32（3）：323-331.

[194] 蕾切尔·卡森. 寂静的春天 [M]. 吕瑞兰，李长生，译. 上海：上海译文出版社，2007.

[195] 陈伊乔，刘逸. 段义孚的人地情感研究对城乡规划的启示 [J]. 城市发展研究，2019，26（8）：104-110.

[196] Seamon D. *A geography of the lifeworld*：*Movement，rest，and encounter*[M]. London：Croom Helm，1979.

[197] 塔娜，柴彦威. 理解中国城市生活方式：基于时空行为的研究框架 [J]. 人文地理，2019，34（2）：17-23.

[198] 吴晓，高源，方宇，王松杰. 面向城市设计的地理信息系统应用刍议 [J]. 现代城市研究，2011（5）：34-41.

[199] 南京大学等. 测量学与地图学 [M]. 北京：人民教育出版社，1979.

[200] 袁勘省，张荣群，王英杰，卢斌莹. 现代地图与地图学概念认知及学科体系探讨 [J]. 地球信息科学，2007，8（9）：100-108.

[201] 张荣群，袁勘省，王英杰. 现代地图学基础 [M]. 北京：中国农业大学出版社，2005.

[202] 王岩，蔡中祥，郑束蕾，等. 地图学研究现状的可视化分析 [J].

地理信息空间，2018（16）：11，68-71.

[203] 陈述彭. 地学信息图谱探索研究 [M].北京：商务印书馆，2001.

[204] 陈述彭，岳天祥. 地学信息图谱研究及应用[J].地理研究，2000，19（4）：337-343.

[205] Domon G., Gariepy M., Bouchard A. *Ecological Cartography and Land-use Planning*：*Trends and Perspectives*[J]. *Geoforum*，1989，20（1）：69-82.

[206] Cure P. *Carte Synthétique des Climats de l'Europe*[R]. Paris：Vég Lechevalier，1945.

[207] Schmithusen J. *Atlas zur Biogeographie*，*Bibliog*[R]. Inst. Mannheim，1976.

[208] Mandelbrot B. B. *Fractal*：*Form*，*chance and Dimension*[M]. New York：W. H. Freeman and Company，1983.

[209] 田达睿，周庆华. 国内城市规划结合分形理论的研究综述及展望[J]. 城市发展研究，2014，21（5）：96-101.

[210] Batty M.，Longley P. A. *Fractal Cities*：*A Geometry of From and Function*[M]. London：Academic Press，Harcourt Brace & Company，Publishers，1994.

[211] Frankhauer P. *La Fractalite des Structures Urbaines*[M]. Paris：Economica，1994.

[212] 陈彦光. 分形城市与城市规划[J]. 城市规划，2005，29（2）：33-40.

[213] Kaye B. H.，Random A. *Walk through Fractal Dimensions*[M]. New York：VCH Publishers，1989.

[214] 叶俊，陈秉钊. 分形理论在城市研究中的应用[J]. 城市规划汇刊，2001，134（4）：38-42.

[215] 尼克斯·塞灵格勒斯. 连接分形的城市 [J]. 刘洋，译. 国际城市

规划，2008，23（6）：81-92.

[216] 张毅.城市形态的几何表征及量化方法研究[D].西安建筑科技大学，2016.

[217] 陈彦光.分形城市系统：标度·对称·空间复杂性[M].北京：科学出版社，2008：36-59.

[218] 张扬，郑先友.分形学对建筑与城市设计领域的启示[J].工程与建设，2008，22（2）：170-172.

[219] 李翊神.非线性科学选讲[M].合肥：中国科技大学出版社，1994：106-111.

[220] Frankhauser P. *GIS and the Fractal Formalisation of Urban Patterns：Towards a New Paradigm for Spatial Analysis*[M]// Fotheringham A. S., Wegener M. *Spatial Models and GIS：New Potential and New Models*. London：Taylor & Francis，2000：121- 142.

[221] 鲍勇剑.协同论：合作的科学——协同论创始人哈肯教授访谈录[J].清华管理评论，2019（11）：7-20.

[222] 钱学森，于景元，戴汝为.一个科学新领域——开放的复杂巨系统及其方法论[J].自然杂志，1990，13（1）：3-10+64.

[223] 欧阳莹之.复杂系统理论基础[M].田宝国，译.上海：上海科技教育出版社，2002.

[224] Whitehand J. W. R. *The changing face of cities：a study of development cycles and urban form*[M]. Oxford：BasilBlackwell Ltd.，1987.

[225] 亚历山大·卡斯伯特.城市设计新理论[ M ].陈治业，童丽萍，译.北京：知识产权出版社，2002.

[226] 中华人民共和国自然资源部.《自然资源部关于发布〈国土空间规划城市设计指南〉行业标准的公告》[S/OL].（2021-06-24）. http：//gi.mnr.gov.cn/202106/t20210629_2660129.html.

[227] Sitte C. *The Art of Building Cities*[M]. Charles T. Stewart，trans.

New York: Reinhold Publishing Corporation, 1945.

[228] 伊利尔·沙里宁. 城市——它的发展衰败与未来[M]. 顾启源, 译. 北京: 中国建筑工业出版社, 1986.

[229] 艾伦·卡尔松. 环境美学[M]. 杨平, 译. 成都: 四川人民出版社, 2006.

[230] 阿诺德·伯林特. 从环境美学到城市美学[J]. 程相占, 译. 学术研究, 2009(5): 138-144.

[231] Cullen G. *The Concise Townscape*[M]. Architectural Press, 1961.

[232] 徐苏宁, 郭恩章. 城市设计美学的研究框架[J]. 新建筑, 2002 (3): 16-20.

[233] 徐苏宁. 城市设计美学[M]. 北京: 中国建筑工业出版社, 2007.

[234] 马武定. 城市美学[M]. 北京: 中国建筑工业出版社, 2005.

[235] 何雯. 以类型学为基础的城市零散空间再利用研究[D]. 长安大学, 2015.

[236] 沈克宁. 建筑类型学与城市形态学[M]. 北京: 中国建筑工业出版社, 2010.

[237] Laugier M. A. *An Essay on Architecture*[M]. Los Angeles: Hennessey Ingalls, 1977.

[238] Stanford A. *Types and Conventions in Time*: *Toward a History for the Duration and Change of Artifacts*[J]. *Perspecta*, 1982(18): 108-117.

[239] Drexler A. *The Teaching of Architecture at the Ecole Des beaux-arts*[M]// Richard Chafee. *The Architecture of the ecole des beaux-Arts*. New York: The museum of modern Art, 1977: 61-63.

[240] Gregotti V. *I Terreni della tipologia*[J]. *Casabell*, 1985, 02: 509-510.

[241] Krier R. *Urban Space*[M]. London: Academy Editions, 1979.

[242] Krier R. *Elements of Architecture*[M]. Architectural Design Profile, 1983.

[243] Krier L. *Houses*, *Palaces*, *Cities*[M]. London：AD Profile 54，1984.

[244] Krier L. *Rational Architecture*[M]. San Francisc：Chronicle Books，1993.

[245] Lozono E. E. *Community Design and the Culture of Cities*：*the Crossroad and the Wall*[M]. Cambridge：Cambridge University Press，1990.

[246] 徐苏宁. 我国城市更新中的类型学思考[J]. 城市建筑，2012，95（7）：45-47.

[247] 汪丽君. 类型学建筑[M]. 天津：天津大学出版社，2004.

[248] Moudon A. V. *Urban Morphology as an Emerging Interdisciplinary Field*[J]. *Urban Morphology*，1997（1）：3-10.

[249] Batty M. *Cities and Complexity*：*Understanding Cities with Cellular Automata*，*Agent Based Models and Fractals.*[M] Cambridge：MIT Press，2005：26-27.

[250] 路德维希·维特根斯坦. 逻辑哲学论[M]. 贺绍甲，译. 北京：商务印书馆，1996：29.

[251] Wikipedia[EB/OL]. https：//www.wikipedia.org.

[252] 徐苏宁，陈璐露. 睹始知终，方能完善发展——城市设计中的图层思想溯源[J]. 城市规划，2020，44（4）：62-72，82.

[253] 伍永秋，鲁瑞洁，刘宝元. 自然地理学[M]. 北京：北京师范大学出版社，2012：35-37.

[254] Jacob C. *Mapping in the mind*：*The earth from ancient Alexandria*[M]// Cosgrove D. *Mappings*. London：Reaktion Books Ltd，1999：24-49.

[255] Cosgrove D. *Mappings*[M]. London：Reaktion Books Ltd，1999.

[256] 迪特·福里克. 城市设计理论：城市建筑空间组织[M]. 北京：中国建筑工业出版社，2015.

[257] Alexander R. *The Form of Cities. Political Economy and Urban*

Design[J]. *Journal of Planning Education and Research*，2006：26（2）：254-255.

[258] 吉尔·德勒兹. 福柯·褶子[M]. 于奇智，杨洁，译. 长沙：湖南文艺出版社，2001.

[259] Vidler A. *Transparency*[M]// Todd Gannon. *The Light Construction Reader*. New York：The Monacelli Press，2002：262-272.

[260] Rajchman J. *Out of the Fold*[M]// Greg Lynn. *Folding in Architecture*. London：Academy Group Ltd. 1993：62.

[261] 徐丽娟. 中国古代都城自然适应性研究——以古都长安、杭州、北京为例[D]. 重庆大学，2014.

[262] 酒江涛，等. 基于风水文化视角下淮阳古城的选址和营建[J]. 西南林业大学学报，2017（6）：83-87.

[263] 哈尔滨工业大学城市设计研究所，中国城市发展规划设计咨询有限公司. 北京市滨水区总体城市设计[R]. 2018.

[264] Busqueis J.，Yang D. *Savannah：Rethinking the Multi-scalar Capacity of the City Project*[M]. Cambridge：Harvard University Graduate School of Design，2017.

[265] 勒·柯布西耶. 光辉城市[M]. 金秋野，王又佳，译. 北京：中国建筑工业出版社，2011.

[266] Alexander C. *Notes on the Synthesis of Form*[M]. Cambridge：Harvard University Press，1964.

[267] Alexander C. *A pattern language：Towns，building，construction*[M]. Oxford：Oxford University Press，1977.

[268] 彼得·埃森曼. 现代建筑的形式基础[M]. 罗旋，安太然，贾若，译. 上海：同济大学出版社，2018.

[269] 张风岚. 当代语境下的建筑生成性图解研究[D]. 天津大学，2013.

[270] 彼得·埃森曼. 图解日志[M]. 陈欣欣，何捷，译. 北京：中国建

筑工业出版社，2004.

[271] Bijlsma L., UdoDO G., Wouter D. *Diagrams*[J]. OASE, 1998, 48.

[272] 赵榕. 从对象到场域——读斯坦·艾伦《场域状态》[J]. 建筑师，2005，113（2）：79-85.

[273] Berkel B. V., Bos C. *Diagram Work*[M]. Cambridge：MIT Press，1998.

[274] Simon M., Andes L. *Urban Operating Systems：Diagramming the City*[J]. *International Journal of Urban and Regional Research*，2016（01）：84-103.

[275] Knoespel K. L. *Diagrams as piloting devices in the philosophy of Gilles Deleuze*[J]. *Théorie – Littérature –Enseignement*，2001（19）：145–65.

[276] MVRDV. *META CITY/ DATA TOWN*[M]. Rotterdam：010 Publishers，1999.

[277] 霍丹，齐康，孙辉. 基于"地图术"理念的景观文化内涵空间构建策略研究[J]. 建筑与文化，2014（12）：101-103.

[278] *GIS Analyses of Snow's Map*[EB/OL]. [20190226]. http：//www1. udel.edu/johnmack/frec682/cholera/cholera2.html.

[279] 居伊·德波. 景观社会[M]. 王昭风，译. 南京：南京大学出版社，2006.

[280] Mcdonough T. *Guy Debord and the Situationist International*[M]. The MIT Press，Cambridge and London，2004.

[281] Deleuze G., Guattari F. *A Thousand Plateaus*[M]. London：Athlone Press，1987.

[282] Casey E. *Earth-mapping：Artists Reshaping Landscape*[M]. Minnesota：University of Minnesota Press，2005.

[283] *Innovativegis* [EB/OL]. [20190226]. http：//www.innovativegis. com.

[284] Steinitz C. *A Framework for Geodesign* [M]. Redlands，CA：Esri Press，2012.

[285] 福斯特·恩杜比斯. 生态规划：历史比较与分析 [M]. 陈蔚镇，王云才，译. 北京：中国建筑工业出版社，2013.

[286] Priemus H. *System Innovation in Spatial Development：Current Dutch Approaches*[J]. *European Planning Studies*，2007，15（8）：992-1006.

[287] Ewing R.，Cervero R. *Travel and the Built Environment：A Meta-analysis*[J]. *Journal of the American Planning Association*，2010，76（3）：265-294.

[288] Handy S.，Boarnet M. G.，Ewing R. *How the Built Environment Affects Physical Activity：Views from Urban Planning*[J]. *Innovative Approaches Understanding and Influencing Physical Activity*，2002，23（2）：64-73.

[289] Hillier B. *Space is the Machine*[M]. Cambridge：Cambridge University Press，1996.

[290] Hillier B. *Spatial Sustainability in Cites：Orgnic Patterns and Sustainable Forms*[R]. Proceedings of the 7th International Space Syntax Symposium，2009.

[291] Marshall S. *Streets and Patterns*[M]. London：Routledge，2004.

[292] Marshall S. *Route structure analysis*[C]. Proceedings of European transport conference，2003.

[293] 牛强，鄢金明，夏源. 城市设计定量分析方法研究概述 [J]. 国际城市规划，2017，32（6）：61-68.

[294] 叶宇，庄宇. 城市形态学中量化分析方法的涌现 [J]. 城市设计，2016（4）：56-65.

[295] HOEK J. *The MXI（Mixed use Index）. An Instrument for Antisprawl Policy*[C]. 44th ISOCARP Congress，Dalian，China，2008.

[296] Salingaros N. A. *Principles of Urban Structure*[M]. Amsterdam：Techne Press，2005.

[297] Bruse M. *ENVI-met website*[J/OL]. 2004. http：//www.envimet.com.

[298] 刘艳红，郭晋平，魏清顺. 基于CFD 的城市绿地空间格局热环境效应分析[J]. 生态学报，2012，32（6）：1951-1959.

[299] 苟爱萍，王江波. 基于SD法的街道空间活力评价研究[J]. 规划师，2011，27（10）：102-106.

[300] 龙瀛，周垠. 街道活力的量化评价及影响因素分析——以成都为例[J]. 新建筑，2016，164（1）：52-57.

[301] Erkip F. B. *The Distribution of Urban Public Services*：*The Case of Parks and Recreational Services in Ankara*[J]. *Cities*，1997，14（6）：353-361.

[302] 唐子来，顾姝. 再议上海市中心城区公共绿地分布的社会绩效评价：从社会公平到社会正义[J]. 城市规划学刊，2016，227（1）：15-21.

[303] 萧世，于洪波，陈洁. 基于GIS 的物质—虚拟混合空间中个体活动与互动的时间地理学研究[J]. 国际城市规划，2010，25（6）：27-35.

[304] 龙瀛，沈尧. 大尺度城市设计的时间、空间与人（TSP）模型——突破尺度与粒度的折中[J]. 城市建筑，2016，145（16）：33-37.

[305] 杨大伟，黄薇，段汉明. 基于元胞自动机模型的城市历史文化街区的仿真[J]. 西安工业大学学报，2009，29（1）：79-83.

[306] 关美宝，申悦，赵莹. 时间地理学研究中的GIS 方法：人类行为模式的地理计算与地理可视化[J]. 国际城市规划，2010，25（6）：18-26.

[307] 维克托·迈尔-舍恩伯格，肯尼思·库克耶. 大数据时代：生活、工作与思维的大变革[M]. 盛杨燕，周涛，译. 杭州：浙江人民出版社. 2013.

[308] MVRDV. *Everyone is a Citymaker*：*Optimizations*[M]// MVRDV. *KM3*：*Excursions on Capacities*. Barcelona：Actar Publisher，1988：1252-1253.

[309] Long Y., Liu X. *Automated Identification and Characterization of Parcels (AICP) with Open Street Map and Points of Interest*[J]. *Environment and Planning B: Planning and Design*, 2016, 43(2): 498-510.

[310] 裴昱，吴濯杭，唐义琴，李婷婷，龙瀛. 基于空间数据的北京二环内夜间街道活力与影响因素分析[J]. 城市建筑，2018(3): 111-116.

[311] 龙瀛. 街道城市主义：新数据环境下城市研究与规划设计的新思路[J]. 时代建筑，2016(2): 128-132.

[312] Pikora T. J., Bull F. C. L., Jamrojik K. *Developing a Reliable Audit Instrument to Measure the Physical Environment for Physical Activity*[J]. *American Journal of Preventive Medicine*, 2002, 23(3): 187-194.

[313] Clifon K. J., Smith A. D. L., Rodiguez D. *The Development and Testing of an Audit for the Pedestrian Environment*[J]. *Landscape and Urban Planning*, 2007, 80(1): 95-110.

[314] Millington C., Ward T. C., Rowe D. *Development of the Scottish Walkability Assessment Tool (SWAT)*[J]. *Health & Place*, 2008, 15(2): 474-481.

[315] 徐苏宁，陈璐露. 城市设计中城市图层系统构建技术方法与路径初探[J]. 规划师，2020, 36(20): 20-26.

[316] Gandelsonas M. *The Urban Text*[M]. Cambridge: MIT Press, 1991: 53-75.

参考文献